文科微积分习题册

同济大学数学科学学院　兰　辉　编

同济大学出版社
TONGJI UNIVERSITY PRESS
·上海·

内容提要

本书是根据文科微积分(同济大学高等数学D)的知识体系、基础理论、应用方法编写的配套教辅,以方便学生更好地掌握相关知识点,内容涵括考研数学三中所有微积分知识.全书内容分为预备知识和重点章节知识,其中预备知识涉及微积分的基础——解析几何与函数;重点章节知识包括极限与连续、导数与微分、导数的应用、不定积分、定积分,共六章.每小节的习题的设计包括基础篇与提高篇,力求使得不同层次学生的学习需求都能够得到满足.其中基础篇能够帮助学生理清相关理论,方便学生回顾本章节的基础概念与基础运算原理,适合数学基础较薄弱的学生预习及复习相关知识点.提高篇则提供了一座阶梯,能够带领学生对基础理论深入思考,对基础运算熟能生巧,同时提升学生的逻辑思维能力、数学运算能力及运用所学知识分析、解决问题的能力,而且习题难易均衡,题量适中,能帮助学有余力的文科学生逐步平稳过渡至理工类高等数学层次.此外,本书还提供了每一章的测验卷,方便学生及时复习,开拓思路.

本书适合高等院校文科类、经管类专业学生,也适合作为具有转专业需求或跨学科交叉性人才培养的辅助学习资料.

图书在版编目(CIP)数据

文科微积分习题册 / 兰辉编. -- 上海:同济大学出版社,2024.9. -- ISBN 978-7-5765-1357-8

Ⅰ. O172-44

中国国家版本馆CIP数据核字第2024DU6530号

文科微积分习题册
同济大学数学科学学院　兰　辉　编

责任编辑　屈斯诗　　**责任校对**　徐春莲　　**封面设计**　陈益平

出版发行	同济大学出版社　www.tongjipress.com.cn (地址:上海市四平路1239号　邮编:200092　电话:021-65985622)
经　销	全国各地新华书店
排　版	南京文脉图文设计制作有限公司
印　刷	常熟市大宏印刷有限公司
开　本	890mm×1240mm　1/16
印　张	11
字　数	356 000
版　次	2024年9月第1版
印　次	2024年9月第1次印刷
书　号	ISBN 978-7-5765-1357-8
定　价	38.00元

本书若有印装质量问题,请向本社发行部调换　　版权所有　侵权必究

前　言

按照我国《普通高等学校本科专业目录（2024年）》，除了理学、工学、农学和医学外，哲学、经济学、法学、教育学、文学、历史学、管理学、艺术学等学科门类基本上都可纳入"文科"范畴。2019年4月，教育部、中央政法委、科技部等13个部门正式联合启动"六卓越一拔尖"计划2.0，明确了要实现高等教育内涵式发展，打赢全面振兴本科教育攻坚战，必须全面推进新工科、新医科、新农科、新文科建设．这里的"新文科"是相对于传统文科而言的，是以全球新科技革命、新经济发展、中国特色社会主义进入新时代为背景，突破传统文科的思维模式，以继承与创新、交叉与融合、协同与共享为主要途径，促进多学科交叉与深度融合，推动传统文科的更新升级．微积分是自18世纪以来现代科学发展的推动器，是各学科理论的基石，是学科转换、交叉融合的桥梁．

本书是同济大学数学科学学院依据教育部发布的《新文科建设宣言》的指导意见，结合同济大学各文科专业数学课程教学学情，进行深入教学改革探索的成果之一，它是根据文科微积分（同济大学高等数学D）的知识体系、基础理论、应用方法编写的配套辅助教材，能帮助学生更好地掌握相关知识点．

本书的内容涵括考研数学三中所有微积分知识，主要包括预备知识和章节知识．

预备知识章节涉及微积分的基础根基——解析几何与函数概念．

极限与连续章节涉及一元函数的极限概念、极限运算法则、连续概念、多元函数的重极限与连续及级数．

导数与微分章节涉及一元函数的导数概念、导数的计算方法、微分概念及多元函数的偏导数与全微分．

导数的应用章节涉及一元函数的微分中值定理、洛必达法则、函数的单调性、极值与最值、函数的凹凸性、函数图象的描绘及泰勒公式．

不定积分章节涉及一元函数不定积分概念、不定积分的计算方法及简单微分方程．

定积分章节涉及一元函数定积分概念与性质、微积分基本定理、定积分的应用、反常积分、二元函数的二重积分以及傅里叶级数．

本书每小节的习题分为基础篇与提高篇，力求使不同层次学生的学习需求都能够得到满足．其中基础篇能够帮助学生理清相关理论，方便学生回顾本章节的基础概念与基础运算原理，适合数学基础较弱的学生预习及复习相关知识点；提高篇则提供了一座阶梯，能够带领学生对基础理论深入思考，对基础运算熟能生巧，同时提升学生的逻辑思维能力、数学运算能力及运用所学知识分析、解决问题的能力，而且习题难易均衡，题量适中，能帮助学有余力的文科学生逐步平稳过渡至理工类高等数学层次．此外，每一章都提供了测验卷，方便学生及时复习，开拓思路．提高篇及测验卷适合国内高等院校文科类、经管类等专业学生在课堂教学之余深入思考、练习巩固高等数学理论知识,尤其适合有转专业需求的学生进行强化练习.

本书由兰辉负责编写.本书的编写得到同济大学数学科学学院的大力支持,特别是李忠华教授的关心与鼓励,也得到了各文科专业学生的帮助,在此向他们表示衷心感谢.编者水平有限,书中如有疏漏之处,恳请读者在使用过程中提出宝贵的建议与意见,以便及时修正.

编 者

2024 年 7 月

目　录

前　言

预备知识——解析几何（基础篇） ... 1
预备知识——解析几何（提高篇） ... 3
预备知识——函数的概念（基础篇） ... 5
预备知识——函数的概念（提高篇） ... 7
预备知识——初等函数（基础篇） ... 9
预备知识——初等函数（提高篇） ... 11
预备知识——测验卷 ... 13
极限与连续——函数极限（基础篇） ... 17
极限与连续——函数极限（提高篇） ... 19
极限与连续——无穷小与无穷大（基础篇） ... 21
极限与连续——无穷小与无穷大（提高篇） ... 23
极限与连续——极限的运算法则（基础篇） ... 25
极限与连续——极限的运算法则（提高篇）(1) ... 27
极限与连续——极限的运算法则（提高篇）(2) ... 29
极限与连续——无穷小的比较（基础篇） ... 31
极限与连续——无穷小的比较（提高篇） ... 33
极限与连续——函数的连续性（基础篇） ... 35
极限与连续——函数的连续性（提高篇） ... 37
极限与连续——重极限（基础篇） ... 39
极限与连续——重极限（提高篇） ... 41
极限与连续——级数（基础篇） ... 43
极限与连续——级数（提高篇） ... 45
极限与连续——测验卷 ... 47
导数与微分——导数的概念（基础篇） ... 51
导数与微分——导数的概念（提高篇） ... 53
导数与微分——求导法则（基础篇） ... 55

导数与微分——求导法则(提高篇)	57
导数与微分——隐函数求导(基础篇)	59
导数与微分——隐函数求导(提高篇)	61
导数与微分——微分(基础篇)	63
导数与微分——微分(提高篇)	65
导数与微分——偏导数与全微分(基础篇)	67
导数与微分——偏导数与全微分(提高篇)	69
导数与微分——测验卷	71
导数的应用——*微分中值定理(基础篇)	75
导数的应用——*微分中值定理(提高篇)	77
导数的应用——洛必达法则(基础篇)	79
导数的应用——洛必达法则(提高篇)	81
导数的应用——函数的单调性(基础篇)	83
导数的应用——函数的单调性(提高篇)	85
导数的应用——极值与最值(基础篇)	87
导数的应用——极值与最值(提高篇)	89
导数的应用——函数的凹凸性(基础篇)	91
导数的应用——函数的凹凸性(提高篇)	93
导数的应用——函数图象的描绘(基础篇)	95
导数的应用——函数图象的描绘(提高篇)	97
导数的应用——*泰勒公式(基础篇)	99
导数的应用——*泰勒公式(提高篇)	101
导数的应用——测验卷	103
不定积分——不定积分的概念(基础篇)	107
不定积分——不定积分的概念(提高篇)	109
不定积分——不定积分的计算方法(基础篇)	111
不定积分——不定积分的计算方法(提高篇)	113
不定积分——简单微分方程(基础篇)	115
不定积分——简单微分方程(提高篇)	117
不定积分——测验卷	119
定积分——定积分的概念与性质(基础篇)	123
定积分——定积分的概念与性质(提高篇)	125
定积分——微积分基本定理(基础篇)	127

定积分——微积分基本定理(提高篇) ············ 129

定积分——定积分的应用(基础篇) ············ 131

定积分——定积分的应用(提高篇)(1) ············ 133

定积分——定积分的应用(提高篇)(2) ············ 135

定积分——反常积分(基础篇) ············ 137

定积分——反常积分(提高篇) ············ 139

定积分——二重积分(基础篇) ············ 141

定积分——二重积分(提高篇) ············ 143

定积分——*傅里叶级数(基础篇) ············ 145

定积分——*傅里叶级数(提高篇) ············ 147

定积分——测验卷 ············ 149

参考答案 ············ 153

学号_____ 姓名_____ 专业_____

预备知识——解析几何（基础篇）

基础理论

1. 对于任一向量 b，都有_____，其中表示 e_b 与 b 同向的单位向量．

2. 设向量 $c \neq 0$，则 $b // c$ 的充分必要条件为存在唯一的实数_____，使得_____．

3. 空间直角坐标系包括一个原点，三个坐标轴，即_____轴、_____轴、_____轴（又称为横轴、纵轴、竖轴），三个坐标面分别为_____、_____、_____．空间直角坐标系被三个坐标面分割为_____个卦限．

4. 若向量 $a = (a_x, a_y, a_z)$，$b = (b_x, b_y, b_z)$ 用坐标表示向量运算，则有以下结论：
   (1) $a = b$ 的充分必要条件为_____；
   (2) $|a| =$ _____；
   (3) $a + b =$ _____；
   (4) 若点 $A(x_1, y_1, z_1)$，$B(x_2, y_2, z_2)$，则 $|\overrightarrow{AB}| =$ _____；
   (5) 设 λ 为实数，$\lambda b =$ _____；
   (6) 若 $a \neq 0$，则 $b // a$ 的充分必要条件为_____；
   (7) $a \cdot b =$ _____；
   (8) 设 θ 是向量 a、b 的夹角，则 $\cos\theta =$ _____；
   (9) $a \perp b$ 的充分必要条件为_____．

5. 空间曲面可由一般方程来代数化表示，形如_____，也可由参数方程来刻画，形如_____．

6. 空间曲线可由一般方程来代数化表示，形如_____，也可由参数方程来刻画，形如_____．

7. 过点 $M_0(x_0, y_0, z_0)$ 且垂直于向量 $n = (A, B, C)$ 的平面方程为_____，此时 $n = (A, B, C)$ 又称为平面的_____．

8. 过点 $M_0(x_0, y_0, z_0)$ 且平行于向量 $s = (m, n, p)$ 的直线方程为_____，此时 $s = (m, n, p)$ 又称为直线的_____，同时可以得到直线的参数方程为_____．

9. 设直线 L_1、L_2 的方向向量分别为 s_1、s_2，则
   (1) $L_1 // L_2 \Leftrightarrow$ _____； (2) $L_1 \perp L_2 \Leftrightarrow$ _____．

10. 设平面 Π_1、Π_2 的法向量分别为 n_1、n_2，则
    (1) $\Pi_1 // \Pi_2 \Leftrightarrow$ _____； (2) $\Pi_1 \perp \Pi_2 \Leftrightarrow$ _____．

11. 设直线 L 的方向向量为 s，平面 Π 的法向量为 n，则
    (1) $L // \Pi \Leftrightarrow$ _____； (2) $L \perp \Pi \Leftrightarrow$ _____．

基础运算

1. 点 $M(5, -2, -3)$ 在空间直角坐标系的第_____卦限，其关于 xOz 平面的对称点坐标为_____，关于 y 轴的对称点坐标为_____，关于原点的对称点坐标为_____．

2. 设点 $A(-7, -8, 1)$，$B(-10, 8, 1)$，用坐标形式 $v = v_1 i + v_2 j + v_3 k$ 表示 $\overrightarrow{AB}$．

3. 设 $v=5j-3k, u=i+j+k$，计算 $v \cdot u, |v-2u|$ 及两向量夹角的余弦.

4. 描述曲面 $x^2+y^2+z^2+4x-2z=0$ 的形状.

5. 设平面经过点 $M(1,-1,3)$ 且平行于已知平面 $3x+y+z=7$，求此平面方程.

6. 设直线经过点 $A(-2,0,3), B(3,5,-2)$，求此直线的对称式方程.

学号_____ 姓名_____ 专业_____

预备知识——解析几何(提高篇)

一、填空题.

1. 已知 $|\boldsymbol{a}|=2, |\boldsymbol{b}|=1, \boldsymbol{a}$ 与 $\boldsymbol{b}$ 的夹角为 $\dfrac{\pi}{3}$, 则 $\boldsymbol{v}=3\boldsymbol{a}-2\boldsymbol{b}$ 的模为_____.

2. 设等边三角形的边长为 3, 且 $\overrightarrow{AB}=\boldsymbol{a}, \overrightarrow{BC}=\boldsymbol{b}, \overrightarrow{CA}=\boldsymbol{c}$, 则 $\boldsymbol{a}\cdot\boldsymbol{b}+\boldsymbol{b}\cdot\boldsymbol{c}+\boldsymbol{c}\cdot\boldsymbol{a}=$_____.

3. 点 $(2, -1, 1)$ 到平面 $x-2y-2z+11=0$ 的距离为_____.

4. 若直线 $L_1: \dfrac{x-1}{5}=\dfrac{y+4}{\lambda}=\dfrac{z-1}{-3}$ 与直线 $L_2: \dfrac{x+3}{-2}=\dfrac{y-9}{4}=\dfrac{z+15}{\lambda}$ 垂直, 则 $\lambda=$_____.

5. 点 $M(3, -1, 2)$ 关于平面 $x+y+z=1$ 的对称点坐标为_____.

二、 从点 $A(3, -4, 9)$ 出发沿向量 $\boldsymbol{a}=8\boldsymbol{i}+9\boldsymbol{j}-12\boldsymbol{k}$ 的方向取长度为 34 的有向线段 AB, 求点 B 的坐标.

三、 设平面经过点 $(2, 4, 5)$、$(1, 5, 7)$ 和 $(-1, 6, 8)$, 求此平面方程.

四、 已知直线 $L: \dfrac{x+1}{5}=\dfrac{y-3}{8}=\dfrac{z-5}{-4}$ 与平面 $3x-y+2z-5=0$ 的交点为 M_0.

(1) 求 M_0 的坐标;(2) 求过 M_0 及点 $(1, 2, 2)$ 的直线方程.

五、 求平面 $x+2y+z=2$ 与平面 $5x+10y+5z=4$ 之间的距离.

六、描述曲面 $4x+2y-y^2=1$ 的形状并画出其图象.

七、求曲线 $\begin{cases} x^2+2y^2+z^2=1, \\ x+z=1 \end{cases}$ 的参数方程.

*八、平面曲线 $\Gamma: \begin{cases} \dfrac{y^2}{5}+\dfrac{z^2}{3}=1, \\ x=0 \end{cases}$ 绕 z 轴旋转一周可得一个旋转曲面 Σ. 任取 Σ 上一动点 $M(x,y,z)$，该点必定是由 Γ 上一点 $M_0(x_0,y_0,z_0)$ 绕 z 轴旋转生成，则点 M 与点 M_0 到 z 轴距离相等且 M 与 M_0 在 z 轴上的坐标分量相等，即 $x^2+y^2=x_0^2+y_0^2$，$z=z_0$，且 $\begin{cases} \dfrac{y_0^2}{5}+\dfrac{z_0^2}{3}=1, \\ x_0=0, \end{cases}$ 推出 $y_0=\pm\sqrt{x^2+y^2}$，从而有 Σ 上一动点 $M(x,y,z)$ 满足关系式 $\dfrac{x^2+y^2}{5}+\dfrac{z^2}{3}=1$，可以验证这就是旋转曲面 Σ 的方程. 请参照上述讨论写出由平面曲线 $C: \begin{cases} f(y,z)=0, \\ x=0 \end{cases}$ 绕 z 轴旋转一周得到的一个旋转曲面的方程.

学号_____ 姓名_____ 专业_____

预备知识——函数的概念（基础篇）

 **基础理论**

1. 我们通常用大写拉丁字母 $A, B, C, \cdots$ 表示集合，用小写拉丁字母 $a, b, c, \cdots$ 表示元素．如果 a 是集合 A 的元素，称 a 属于 A，记作_____，否则称 a 不属于 A，记作_____．

2. 表示集合的方法通常有两种方法：_____，_____．

3. 称开区间 $(a-\delta, a+\delta)$ 是以 a 为中心，δ 为半径的邻域，简称为点 a 的 δ 邻域，记作_____．若邻域不包含 a，称其为点 a 的去心 δ 邻域，记作_____．

4. 设集合 A，B 是两个集合，如果集合 A 的元素都是集合 B 的元素，则称 A 是 B 的子集，记作_____（读作 A 包含于 B）或_____（读作 B 包含 A）．

5. 若集合 A，B 互为子集，即 $A \subset B$ 且 $B \subset A$，则称集合 A、B 相等，记作_____．

6. 不含任何元素的集合称为空集，记作_____．空集是任何非空集合的真子集．

7. 设 A、B 是两个集合，由它们的相同元素组成的集合称为 A 与 B 的交集，记作_____（读作 A 交 B），即_____$=\{x \mid x \in A, \text{且} x \in B\}$．

8. 设 A、B 是两个集合，由属于 A 或者属于 B 的元素组成的集合称为 A 与 B 的并集，记作_____（读作 A 并 B），即_____$=\{x \mid x \in A, \text{或} x \in B\}$．

9. 设 A、B 是两个集合，由属于 A 但不属于 B 的元素组成的集合，称为 A 与 B 的差集，记作_____（读作 A 差 B），即_____$=\{x \mid x \in A, \text{且} x \notin B\}$．

10. 若 A 是 I 的子集，则 $I \backslash A$ 又称为 A 在 I 上的补集（或称余集），记作_____，称 I 为_____．

11. 集合的交、并、补运算满足下列法则：
    (1) 交换律 $A \cap B = B \cap A, A \cup B = B \cup A$；
    (2) 结合律 $(A \cap B) \cap C = A \cap (B \cap C), (A \cup B) \cup C = A \cup (B \cup C)$；
    (3) 分配律 $(A \cap B) \cup C = (A \cup C) \cap (B \cup C), (A \cup B) \cap C = (A \cap C) \cup (B \cap C)$；
    (4) 对偶律 _____，_____．

12. 设 x 和 y 是两个变量，当 x 在实数集的一个子集 A 中取定一个数值时，变量 y 按照某一对应法则 f 总有唯一的一个实数与之对应，则称 y 是 x 的函数，记作 $y=f(x)$．集合 A 称为函数 $f(x)$ 的_____，通常记作 D_f，称 $R_f=\{y \mid y=f(x), x \in D_f\}$ 为函数的_____．称 x 为函数的_____，称 y 为_____．

13. 对于函数 $y=f(x)$，若存在正数 M 使得 $|f(x)| \leqslant M, x \in I$，则称 $f(x)$ 为 I 上的有界函数．否则称 $f(x)$ 在 I 上_____．

14. 对于函数 $y=f(x)$，如果对于任意 $x_1, x_2 \in I$，当 $x_1 < x_2$ 时，都有 $f(x_1) < f(x_2)$，则称 $f(x)$ 在 I 上单调递增或称 $f(x)$ 在 I 上是_____；若对于任意 $x_1, x_2 \in I$，当 $x_1 < x_2$ 时，都有 $f(x_1) > f(x_2)$，则称 $f(x)$ 在 I 上_____或称 $f(x)$ 在 I 上是减函数．单调增、单调减统称为函数的单调性．

15. 设函数 $f(x)$ 的定义域 D 关于原点对称．若对于任意 $x \in D$，都有 $f(-x)=f(x)$，则称 $f(x)$ 为_____．若对于任意 $x \in D$，都有 $f(-x)=-f(x)$，则称 $f(x)$ 为_____．

16. 设函数 $f(x)$ 的定义域为 D，若存在一个不为零的常数 T，使得对于任一 $x \in D$ 都有 $(x \pm T) \in D$，且 $f(x+T)=f(x)$，则称 $f(x)$ 为周期函数．T 称为 $f(x)$ 的一个周期．若存在满足等式的最小正数 T_0，称 T_0 为 $f(x)$ 的_____，简称周期．

17. 对于函数 $y=f(x), y=g(x)$,如果 $D=D_f \cap D_g \neq \varnothing$,在点集 D 上可定义这两个函数的四则运算:
    (1)和(差) $f \pm g : (f \pm g)(x) =$ _____ ;(2)积 $f \cdot g : (f \cdot g)(x) =$ _____ ;
    (3)商 $\dfrac{f}{g} : \left(\dfrac{f}{g}\right)(x) =$ _____ , $g(x) \neq 0$.

18. 设函数 $y=f(x)$,若对于任意 $y \in R_f$,由函数 $y=f(x)$ 的关系总有唯一的 x 与之对应,则由 $y=f(x)$ 确定了一个 y 为自变量, x 为因变量的函数 $x=\varphi(y), y \in R_f$,称此函数为 $y=f(x)$ 的 _____ _____ ,记作 _____ .

19. 设函数 $y=f(u), u=\varphi(x)$,且 $R_\varphi \cap D_f \neq \varnothing$,设 $D'_\varphi = \{x \mid \varphi(x) \in D_f\}$,称函数 $y=f(\varphi(x)), x \in D'_\varphi$ 为由函数 $u=\varphi(x)$ 与 $y=f(u)$ 构成的 _____ ,记为 $f \circ \varphi$,即 $(f \circ \varphi)(x) = f(\varphi(x)), x \in D'_\varphi$. 变量 _____ 称为中间变量.

学号_____ 姓名_____ 专业_____

预备知识——函数的概念(提高篇)

一、集合 $A=\{x\,|\,y=\log_3(5x-4)\}$,$B=\{y\,|\,x^2+y^2=2y\}$,求 $A\cap B$、$A\cup B$、$A\setminus B$ 以及 $A^C\cap B$.

二、集合 $A=\{x\,|\,2x^2-5x-3<0\}$,$B=\{x\,|\,x>k\}$,已知 $A\subseteq B$,求 k 的取值范围.

三、集合 $A=\{x\in\mathbf{N}\,|\,3x^2-7x<0\}$,$B=\left\{y\,\Big|\,y=\dfrac{8}{x}\in\mathbf{N},\,x\in A\right\}$,写出 B 的所有真子集.

四、设函数 $f(x)$ 在实数集中满足 $f(x+2)=f(x)$,已知在区间 $[0,1]$ 上 $f(x)$ 是减函数,比较 $f(8)$,$f(-9.5)$,$f\left(\dfrac{37}{3}\right)$ 的大小.

五、已知函数 $f(x)=\dfrac{1}{\sqrt{\log_{\frac{1}{3}}(4x-7)}}$,求 $f(x)$ 的定义域.

六、画出函数 $\varphi(x)=\begin{cases}|\sin x|, & |x|<\dfrac{\pi}{3}, \\ -1, & |x|\geqslant\dfrac{\pi}{3}\end{cases}$ 的图象.

七、选择题.

1. 下列函数中既是偶函数,又满足在 $(0,+\infty)$ 上单调递减的是( ).

   A. $y=\ln\dfrac{1}{|x|}$ 　　　　　B. $y=x^3-|x|$

   C. $y=3^{|x|}$ 　　　　　　　　D. $y=e^{\cos x}$

2. 函数 $f(x)=\dfrac{5x+3}{mx^2+2mx-6}$ 的定义域是实数集,则 m 的取值范围是( ).

   A. $\left(0,\dfrac{1}{3}\right)$ 　　　　　　B. $\left(-\dfrac{3}{5},6\right)$

   C. $(-6,0]$ 　　　　　　　D. $(-3,2)$

八、若函数 $y=f(x)$ 与 $y=\ln\sqrt{x}-1$ 的图象关于直线 $y=x$ 对称,求 $y=f(x)$ 的解析式.

九、函数 $y=e^{\sin^2\ln(x+5)}$ 由哪些简单函数复合而成?写出它的复合过程.

十、设 $f(x)=x^5+x$,若有实数 a,b 满足 $f(3a+b)+f(a)=0$,计算 $4a+b$ 的值.

学号_____ 姓名_____ 专业_____

预备知识——初等函数(基础篇)

基础理论

1. 形如 $y=x^\alpha$ (α 为常数)的函数称为_____,其中 α 称为幂.

2. 常用的幂运算规则:(1) $x^{\frac{m}{n}}=\sqrt[n]{x^m}$,$m$,$n\in\mathbf{N}$;(2) $x^{-k}=\dfrac{1}{\qquad}$,$k\in\mathbf{R}^+$;(3) $x^r\cdot x^s=$_____, r,$s\in\mathbf{R}$;(4) $(x^r)^s=x^{rs}$,r,$s\in\mathbf{R}$;(5) $(ab)^s=a^sb^s$,$a>0$,$b>0$,$s\in\mathbf{R}$.

3. 形如 $y=a^x$ (a 为常数,且 $a>0$,$a\neq 1$)的函数称为_____,这里 a 称为底数,x 称为指数或幂.此函数的定义域为_____,当 $a>1$ 时,函数_____;当 $a<1$ 时,函数_____.函数图象总在 x 轴上方,经过点 $(0,1)$.

4. 形如 $y=\log_a x$ (a 为常数,且 $a>0$,$a\neq 1$)的函数称为_____,其中 a 称为底数,x 称为真数,y 称为对数.a、x 和 y 满足 $a^y=x$.此函数的定义域为_____.当 $a>1$ 时,函数_____;当 $a<1$ 时,函数_____.函数图象总在 y 轴右侧,经过点 $(1,0)$.特别地,当 $a=\mathrm{e}$ 时,$y=\log_a x$ 记作_____,称为自然对数.当 $a=10$ 时,$y=\log_a x$ 记作_____,称为常用对数.

5. 常用的对数运算规则:
   (1) $\log_a a=$_____;
   (2) $\log_a 1=$_____;
   (3) $\log_a m+\log_a n=$_____;
   (4) $\log_a m-\log_a n=$_____;
   (5) $\log_a b=\dfrac{\log_m b}{\log_m a}$,此公式被称为对数_____公式;
   (6) $(\log_a b)\cdot(\log_b a)=$_____;
   (7) $\log_{a^m} b^n=$_____.

6. $y=\sin x$ 称为正弦函数,定义域为_____,最大值是_____,最小值为_____.正弦函数是奇函数,且为周期函数,最小正周期是_____. $y=\sin x$ 在 $\left[-\dfrac{\pi}{2},\dfrac{\pi}{2}\right]$ 上是_____,在 $\left[\dfrac{\pi}{2},\dfrac{3\pi}{2}\right]$ 上是减函数.

7. $y=\cos x$ 称为余弦函数,定义域为_____,最大值是_____,最小值为_____.余弦函数是偶函数,最小正周期是_____. $y=\cos x$ 在 $[0,\pi]$ 上是_____,在 $[\pi,2\pi]$ 上是增函数.

8. 正切函数 $y=\tan x$,$x\neq(2k+1)\dfrac{\pi}{2}$,$k\in\mathbf{Z}$,没有最大值,也没有最小值,是奇函数,最小正周期为_____.正切函数在 $\left(-\dfrac{\pi}{2},\dfrac{\pi}{2}\right)$ 上是_____.

9. 余切函数 $y=\cot x$,$x\neq k\pi$,$k\in\mathbf{Z}$,没有最大值,也没有最小值,是奇函数,最小正周期为_____.余切函数在 $(0,\pi)$ 上是_____.

10. 我们称 $y=\sec x$,$x\neq(2k+1)\dfrac{\pi}{2}$ 为_____函数,$y=\csc x$,$x\neq k\pi$ 为_____函数.

11. 反正弦函数 $y=\arcsin x$ 是正弦函数 $y=\sin x$,$x\in\left[-\dfrac{\pi}{2},\dfrac{\pi}{2}\right]$ 的反函数.它的定义域为_____,值域为_____.反正弦函数是奇函数,在定义域内为增函数.

12. 反余弦函数 $y=\arccos x$ 定义域为_____,值域为_____,在定义域内为减函数.

13. 反正切函数 $y=\arctan x$ 定义域为_____,值域为_____,是奇函数,在定义域内为增函数.

14. 反余切函数 $y=\mathrm{arccot}\, x$ 定义域为_____,值域为_____,在定义域内为减函数.

15. _____、_____、_____、_____、_____统称为5种基本初等函数.

16. 由常数、5种基本初等函数经过有限次的_____和_____构成的可用一个式子表达的函数称为初等函数.

17. 设 D 是 $\mathbf{R}^2$ 的一个非空子集,若对于 D 内的任一点 (x,y),按照某种法则 f 都有唯一确定的实数 z 与之对应,则称 f 是 D 上的二元函数,记作 $z=f(x,y)$,$(x,y)\in D$. 点集 D 称为该函数的_____, x 和 y 称为_____, z 称为_____. 数值 $f(x,y)$ 的全体所构成的集合称为函数 f 的_____.

18. 设函数 $z=f(x,y)$ 的定义域为 D,对于任意取定的 $P(x,y)\in D$,对应的函数值为 $z=f(x,y)$,这样以 x 为横坐标、y 为纵坐标、z 为竖坐标在空间就确定一点 $M(x,y,z)$,空间点集 $\{(x,y,z)\mid z=f(x,y),(x,y)\in D\}$ 称为二元函数 $z=f(x,y)$ 的_____.

学号_____ 姓名_____ 专业_____

预备知识——初等函数（提高篇）

一、填空选择题.

1. 若 $\log_x \sqrt[7]{y} = w$，则（　　）.

   A. $y^7 = x^w$　　　　　　　　　B. $y = x^{7w}$

   C. $y = 7x^w$　　　　　　　　　D. $y = w^{7x}$

2. 以下结论中正确结论的个数是_____.

   (i) 当 $a < 0$ 时，$(a^4)^{\frac{5}{4}} = a^5$；

   (ii) $\sqrt[n]{a^n} = a$；

   (iii) 函数 $y = (2x-1)^{\frac{1}{6}} - (7x-5)^0$ 的定义域是 $\left\{x \mid x \geqslant \dfrac{1}{2}, x \neq \dfrac{5}{7}\right\}$；

   (iv) $2^x = \dfrac{1}{16}$，$3^y = 27$，则 $(x+y)^{3027} = 1$.

二、完成下列计算.

1. $\log_5 35 + 2\log_{\frac{1}{2}} \sqrt{2} - \log_5 \dfrac{1}{50} - \log_5 14 + \left(\dfrac{16}{81}\right)^{-\frac{3}{4}}$.

2. $\sin \dfrac{10\pi}{3} \cos\left(-\dfrac{7\pi}{6}\right) \tan\left(-\dfrac{4\pi}{3}\right)$.

三、求初等函数的定义域.

1. $y = \arcsin(3x - 5)$.

2. $y = e^{\sqrt{4x^2 - 5x - 6}} + \dfrac{1}{x+2}$.

· 11 ·

四、已知 $3^{x^2+2x-5} \leqslant \dfrac{1}{9}$,求 x 的取值范围.

五、函数 $f(x)=(6m^2-m-1)x^{n^2-n+1}$,已知在 $(0,+\infty)$ 内 $f(x)$ 是增函数,求 m 的取值范围.

六、已知 $\sin(\alpha+\beta)=\dfrac{12}{13}$,$\sin(\alpha-\beta)=-\dfrac{4}{5}$,且 $\alpha>0,\beta>0,\alpha+\beta<\dfrac{\pi}{2}$,求 $\tan 2\alpha$.

七、设二元函数 $F(x,y)=\ln(x-y)+\dfrac{\sqrt{x}}{\sqrt{1-x^2-y^2}}$,计算 $F\left(\dfrac{1}{2},-\dfrac{1}{2}\right)$,求出定义域,并在平面直角坐标系中画出定义域.

学号_____ 姓名_____ 专业_____

预备知识——测验卷

一、填空选择题.

1. 过点 $P(2,0,-1)$ 且与直线 $\dfrac{2x-1}{5}=\dfrac{y+3}{-11}=\dfrac{4+z}{2}$ 垂直的平面方程为_____.

2. 直线 L 过点 $A(3,-2,6)$ 且与平面 $2x-y-3z+7=0$ 垂直,则其参数方程为_____.

3. 点 $M(2,-3,11)$ 关于 x 轴的对称点为_____.

4. 已知向量 $\boldsymbol{a}=(6,-1,2),\boldsymbol{b}=(1,0,-2)$,则向量 $\boldsymbol{c}=\boldsymbol{a}-4\boldsymbol{b}=$_____.

5. 向量 $\boldsymbol{a}=3\boldsymbol{i}-2\boldsymbol{j}-5\boldsymbol{k},\boldsymbol{b}=6\boldsymbol{i}+2\boldsymbol{k}$,则 $\boldsymbol{a}\cdot\boldsymbol{b}=$_____.

6. 球面方程 $x^2+y^2+z^2-2x-2z=0$ 的球心 M_0 为_____,半径为_____.

7. 设 $\boldsymbol{a}=(1,-2,1),\boldsymbol{b}=(-1,-1,2)$,则两向量的夹角 θ 为_____.

8. 平面方程 $Ax+By+Cz+D=0$ 中,若 $A=0,D\neq 0$,则此平面(   ).

    A. 平行于 yOz 面   B. 过原点

    C. 平行于 x 轴   D. 过 x 轴

二、完成下列计算.

1. 设向量 $\boldsymbol{A}=3\boldsymbol{a}-5\boldsymbol{b},\boldsymbol{B}=k\boldsymbol{a}+\boldsymbol{b}$,若 $|\boldsymbol{a}|=3,|\boldsymbol{b}|=2,\boldsymbol{a}\perp\boldsymbol{b},\boldsymbol{A}\perp\boldsymbol{B}$,求 k.

2. 设向量 $|\boldsymbol{a}|=4,|\boldsymbol{b}|=3$,两向量的夹角为 $\dfrac{\pi}{3}$,求 $|\boldsymbol{a}-\boldsymbol{b}|$.

三、求曲线 $\begin{cases} x^2+y^2-z=0, \\ 2x-y+z=10 \end{cases}$ 的参数方程.

四、若平面 Π 与三个坐标轴的交点分别为 $(a,0,0),(0,b,0),(0,0,c)$,且 $abc\neq 0$,证明:Π 的方程为 $\dfrac{x}{a}+\dfrac{y}{b}+\dfrac{z}{c}=1$,此方程称为平面的截距式方程.

五、求过直线 $\dfrac{x}{2}=\dfrac{y+1}{-3}=\dfrac{2z-1}{2}$ 且与直线 $\begin{cases} x+y-z+1=0, \\ 2x-y+10z+3=0 \end{cases}$ 平行的平面方程.

学号_____ 姓名_____ 专业_____

六、 设直线 L 与平面 Π 有交点,过 L 作垂直于 Π 的平面 Π',则 Π 与 Π' 的交线称为直线 L 在平面 Π 上的投影. 求直线 $l: x-1=y=1-z$ 在平面 $\Pi: x-y+2z-1=0$ 上的投影.

七、 平面直角坐标系中原点 O 与点 $M(x,y)$ 的距离称为点 M 的极径,记作 r,$\overrightarrow{OM}$ 与 x 轴正向的夹角称为点的极角,记作 θ,$0 \leqslant \theta \leqslant 2\pi$,则平面中任一点 $M(x,y)$ 可由唯一的二维数组 (r,θ) 表示,称为点 M 的极坐标.

(1) 写出点 M 的直角坐标 (x,y) 与极坐标 (r,θ) 的关系式;

(2) 平面曲线可以用多种方程形式来表达,如单位圆有三种方程形式 $x^2+y^2=1$(直角坐标方程)、$\begin{cases} x=\cos\theta, \\ y=\sin\theta, \end{cases} 0 \leqslant \theta \leqslant 2\pi$(参数方程)及 $r=1, 0 \leqslant \theta \leqslant 2\pi$(极坐标方程). 写出双纽线 $(x^2+y^2)^2=4(x^2-y^2)$ 的极坐标方程及极角的取值范围.

八、 设 $P(x)$、$Q(x)$ 为多项式函数，称 $f(x)=\dfrac{P(x)}{Q(x)}$ 为有理分式函数，若 $Q(x)$ 在实数集内可以分解为一次因式的方幂与二次不可约因式的方幂的乘积，即

$$Q(x)=C(x-a_1)^{k_1}\cdots(x-a_m)^{k_m}(x^2+p_1x+q_1)^{t_1}\cdots(x^2+p_nx+q_n)^{t_n},$$

则 $f(x)=\dfrac{P(x)}{Q(x)}=\dfrac{A_1}{x-a_1}+\cdots+\dfrac{A_{k_1}}{(x-a_1)^{k_1}}+\dfrac{B_1}{x-a_2}+\cdots+\dfrac{B_{k_2}}{(x-a_2)^{k_2}}+\cdots+\dfrac{M_1x+N_1}{x^2+p_1x+q_1}+\cdots+\dfrac{M_{t_1}+N_{t_1}}{(x^2+p_1x+q_1)^{t_1}}+\cdots$，其中，$A_i$，$B_i$，$\cdots$，$M_i$，$N_i$ $\cdots$ 可由等式待定系数，此方法称为有理函数的分解. 试写出 $f(x)=\dfrac{x+2}{x^2(1+x^2)}$ 的分解式.

九、 按照仿例 $\sin x(\sin x+\cos x)=\dfrac{1-\cos 2x+\sin 2x}{2}$，将下列函数写为三角函数与常数的线性组合形式 $A+\sum\limits_{i=1}^{n}B_i\cos k_ix+\sum\limits_{i=1}^{m}C_i\sin l_ix$.

(1) $\sin x\sin 2x\sin 3x$；

(2) $\sin^4 x+\cos^4 x$.

学号_____ 姓名_____ 专业_____

极限与连续——函数极限（基础篇）

基础理论

1. 若数列 $\{x_n\}$ 当 n 越来越大时，通项 x_n 能逐渐无限逼近某个常数 a，则称 a 是数列 $\{x_n\}$ 当 n 趋于无穷大时的_____，记作_____，或_____，这时也称数列 $\{x_n\}$_____，如果这样的常数 a 不存在，则称数列 $\{x_n\}$_____。

2. 设函数 $f(x)$ 在 $(-\infty, b)$ 及 $(a, +\infty)$ 内有定义，如果 $\lim\limits_{x\to-\infty}f(x)=A$，且 $\lim\limits_{x\to+\infty}f(x)=A$，称 A 为函数 $f(x)$ 当 $x\to\infty$ 时的_____，记作_____，或_____。

3. 设函数 $f(x)$ 在点 x_0 的某个邻域内有定义（x_0 点可以除外），若自变量 x 趋于 $x_0(x\neq x_0)$ 时，函数 $f(x)$ 的值无限接近于一个确定的常数 A，则称 A 为函数 $f(x)$ 当 $x\to x_0$ 时的_____，记作_____，或_____。

4. 若函数 $f(x)$ 满足_____，或_____，则称直线 $y=c$ 为曲线 $y=f(x)$ 的水平渐近线。

5. 函数 $f(x)$ 在点 x_0 处的极限存在的充分必要条件是 $f(x)$ 在点 x_0 处的左、右极限_____。

6. 函数极限满足如下性质：
   (1) 唯一性，即_____；
   (2) 局部有界性，即_____；
   (3) 局部保号性，即_____；
   (4) 函数极限与数列极限的相关性，即_____。

7. 利用宽带理论可以证明：5 种基本初等函数在定义域内任一点 x_0 处的极限值都等于_____。

基础运算

1. 观察 $\{x_n\}$ 当 n 越来越大时的变化趋势，判断下列数列的敛散性。

   (1) $x_n=\dfrac{(-1)^n}{2^n}$；

   (2) $x_n=\dfrac{(-1)^n}{n}$；

   (3) $x_n=\dfrac{1-n}{n+1}$；

   (4) $x_n=n-\dfrac{1}{n}$；

(5) $x_n = 0.111\,111\,1$;   (6) $x_n = 0.\underbrace{999\cdots9}_{n}$.

2. 填空题.
   (1) $y = \arctan x$ 的函数图象有_____条水平渐近线,分别是_____;
   (2) 曲线 $y = 2^x - 1$ 的水平渐近线是_____.

3. 观察函数的图象,求下列极限,若极限不存在,请说明理由.
   (1) $\lim\limits_{x \to 1} f(x)$;
   (2) $\lim\limits_{x \to 2} f(x)$;
   (3) $\lim\limits_{x \to 3} f(x)$.

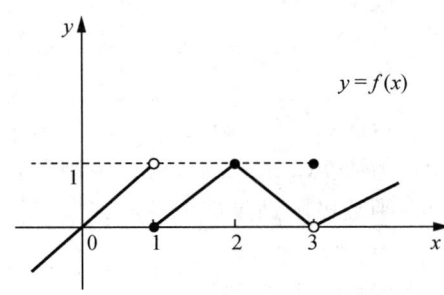

4. 观察函数的图象,判断下列命题哪些成立,哪些不成立,并说明理由.
   (1) $\lim\limits_{x \to 0} g(x)$ 不存在;   (2) $\lim\limits_{x \to 0} g(x) = 0$;
   (3) $\lim\limits_{x \to 0} g(x) = 1$;   (4) $\lim\limits_{x \to 1} g(x) = 1$;
   (5) $\lim\limits_{x \to 1^-} g(x) = -1$;   (6) 任取 $x_0 \in (-1, 1)$, $\lim\limits_{x \to x_0} g(x)$ 都存在.

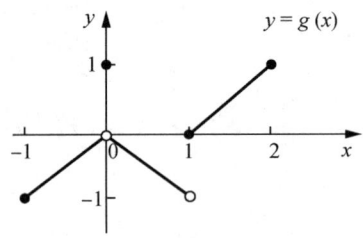

极限与连续——函数极限（提高篇）

一、观察当 n 越来越大时数列 $\{x_n\}$ 的变化趋势，判断是否有极限，如果有，请写出极限值.

1. $x_n = \dfrac{2+n}{2-n}$.

2. $x_n = \dfrac{n^3+1}{n^2-1}$.

3. $x_n = \dfrac{3+(-1)^n}{n^2+1}$.

4. $x_n = \sin\dfrac{n\pi}{2}$.

二、如果已知 $f(x)$ 在定义域内的一点 $x=a$ 处的右极限 $\lim\limits_{x\to a^+}f(x)$，左极限 $\lim\limits_{x\to a^-}f(x)$ 都存在，是否可以确定 $\lim\limits_{x\to a}f(x)$，说明判断的理由.

三、如果已知 $f(x)$ 是奇函数，且 $\lim\limits_{x\to 0^+}f(x)=-2$，讨论 $\lim\limits_{x\to 0^-}f(x)$ 及 $\lim\limits_{x\to 0}f(x)$ 是否存在，说明判断的理由.

四、如果已知 $f(x)$ 是偶函数，且 $\lim\limits_{x\to 0^+}f(x)=-3$，讨论 $\lim\limits_{x\to 0^-}f(x)$ 及 $\lim\limits_{x\to 0}f(x)$ 是否存在，说明判断的理由.

五、 如果已知 $f(x)$ 是偶函数，且 $\lim\limits_{x\to 2^+}f(x)=17$，讨论 $\lim\limits_{x\to 2^-}f(x)$ 及 $\lim\limits_{x\to 2}f(x)$ 是否存在，说明判断的理由.

六、 令 $f(x)=\begin{cases}3-x, & x<2, \\ 2, & x=2, \\ \dfrac{x}{2}, & x>2,\end{cases}$ 画出函数图象，并讨论以下问题：

(1) 求 $\lim\limits_{x\to 2^+}f(x)$，$\lim\limits_{x\to 2^-}f(x)$；

(2) $\lim\limits_{x\to 2}f(x)$ 是否存在？如果存在，极限值是多少？如果不存在，说明原因；

(3) 求 $\lim\limits_{x\to 1^+}f(x)$，$\lim\limits_{x\to 1^-}f(x)$；

(4) $\lim\limits_{x\to 1}f(x)$ 是否存在？如果存在，极限值是多少？如果不存在，说明原因.

***七、** 设 $\lim\limits_{n\to\infty}x_n=a>0$，证明：数列 $\{x_n\}$ 从某一项开始满足 $x_n>\dfrac{a}{2}$.（提示：利用数列极限的宽带理论）

***八、** 证明：当 $x\to\infty$ 时，$y=\cos x$ 的极限不存在.（提示：利用函数极限与数列极限的相关性）

学号_____ 姓名_____ 专业_____

极限与连续——无穷小与无穷大（基础篇）

基础理论

1. 若 $\lim\limits_{x \to x_0} f(x) = 0$（或 $\lim\limits_{x \to \infty} f(x) = 0$），则称函数 $f(x)$ 为 $x \to x_0$（或 $x \to \infty$）时的_____，单侧极限成立时亦然.

2. $\lim\limits_{x \to x_0} f(x) = A \Leftrightarrow$ 在 x_0 附近（可以不包含 x_0）$f(x)$ 可以表示成极限 A 与_____之和，即_____，其中_____是 $x \to x_0$ 时的_____.

3. 有界函数与_____的乘积依然是_____.

4. 自变量的同一趋近过程中，有限个_____的和、差、乘积依然是_____.

5. 设函数 $f(x)$ 在点 x_0 的某个邻域内（x_0 点可以除外）满足 $f(x) \neq 0$，且 $\lim\limits_{x \to x_0} \dfrac{1}{f(x)} = 0$，则称函数 $f(x)$ 为 $x \to x_0$ 时的_____，记作_____，单侧极限成立时亦然.

6. 若 $x \to x_0$ 时对于任意给定的正数 M，都可以找到点 x_0 的某个去心邻域使得 $f(x) > M$，则记作_____，称 $f(x)$ 是此时的正无穷大；类似地，若 $x \to x_0$ 时对于任意给定的正数 M，都可以找到点 x_0 的某个去心邻域使得 $f(x) < -M$，则记作_____，称 $f(x)$ 是此时的负无穷大.

7. 若函数 $f(x)$ 满足 $\lim\limits_{x \to a} f(x) = \infty$，则称直线 $x = a$ 为曲线 $y = f(x)$ 的_____. 定义中的"∞"还可以换成"$+\infty$"或"$-\infty$"，"$x \to a$"可以换成"$x \to a^+$"或"$x \to a^-$"，对应直线依然表示曲线的_____.

基础运算

1. 以下命题成立的是（　　）.
   A. 有界数列必有极限
   B. 若 $\lim\limits_{x \to x_0} f(x) = A$，则 $f(x_0) = A$
   C. 若 $\lim\limits_{x \to -\infty} f(x) = A$，则 $f(x) - A$ 是 $x \to -\infty$ 时的无穷小
   D. 若 $\lim\limits_{x \to \infty} f(x) = A$，则 $f(x)$ 在 $(-\infty, +\infty)$ 有界

2. $\lim\limits_{x \to 2^-} f(x) = A$ 是 $\lim\limits_{x \to 2^-}[f(x) - A] = 0$ 的（　　）.
   A. 必要非充分条件　　　　　　　B. 充分非必要条件
   C. 既非必要又非充分条件　　　　D. 充分必要条件

3. 画出函数 $y = \dfrac{2-x}{x+1}$ 的图象，写出曲线 $y = \dfrac{2-x}{x+1}$ 的水平渐近线及铅直渐近线.

4. 一位数学家写下如下证明过程,你能理解他的证明思路吗?请写出该证明过程中每一步的划线部分所涉及的理论基础.

定理:如果 $\lim\limits_{x \to x_0} f(x) = A$,$\lim\limits_{x \to x_0} g(x) = B$,则 $\lim\limits_{x \to x_0} [f(x) \cdot g(x)] = A \cdot B$.

证明:(第一步)因为 $\lim\limits_{x \to x_0} f(x) = A$,$\lim\limits_{x \to x_0} g(x) = B$,所以<u>存在当 $x \to x_0$ 时的无穷小 α,β 使得 $f(x) = A + \alpha$,$g(x) = B + \beta$</u>.

理论基础为 _____

_____.

(第二步)$f(x) \cdot g(x) = (A \cdot B) + (B\alpha + A\beta + \alpha\beta)$,而 <u>$B\alpha + A\beta + \alpha\beta$ 是无穷小</u>.

理论基础为 _____

_____.

(第三步)<u>所以 $\lim\limits_{x \to x_0} [f(x) \cdot g(x)] = A \cdot B$</u>.

理论基础为 _____

_____.

学号_____ 姓名_____ 专业_____

极限与连续——无穷小与无穷大（提高篇）

一、假设分母都不为零，请在空格处填入"是无穷小""是无穷大"或"既非无穷小又非无穷大"，并说明理由.

设 $\alpha(x)$、$\beta(x)$ 是自变量同一趋近过程的无穷小，则

(1) $3\alpha(x)+4\beta(x)$ _____，理由是_____；

(2) $\dfrac{2}{\beta(x)}$ _____，理由是_____；

(3) $\dfrac{1}{\alpha(x)-2\beta(x)}$ _____，理由是_____；

(4) $\alpha^2(x)-0.0001$ _____，理由是_____；

(5) $\alpha^3(x)\beta^2(x)$ _____，理由是_____；

(6) $\dfrac{\alpha(x)-\beta(x)}{\alpha(x)+\beta(x)}$ _____，理由是_____.

二、判断以下结论是否正确，如果正确，请说明理由；如果错误，请举出反例.

1. 两个无穷小的乘积一定是无穷小.

2. 当 $x \to x_0$ 时，$f(x)$，$g(x)$ 都是无穷大，则 $f(x)+g(x)$ 也是无穷大.

3. 当 $x \to x_0$ 时，$f(x)$ 是无穷大，$g(x)$ 是无穷小，则 $\dfrac{g(x)}{f(x)}$ 是无穷小.

三、判断函数 $y=\dfrac{x+2}{x^2-4}$ 分别在自变量的下列变化过程中是否为无穷大,如果是,请写出函数图象的铅直渐近线.

(1) $x\to 2$;(2) $x\to -2$;(3) $x\to 0$;(4) $x\to \infty$.

四、你能理解以下求极限的解题思路吗?请写出该计算过程中划线部分所涉及的理论基础.

(1) 计算 $\lim\limits_{x\to 0} x^3 \sin\dfrac{1}{x}$.

解:因为 $\underline{\lim\limits_{x\to 0} x^3 = 0}$,(理论基础为_____)

且函数 $\underline{y=\sin\dfrac{1}{x} \text{ 在 } (-\infty, 0)\cup(0,+\infty) \text{ 有界}}$,

(理论基础为_____)

故 $\underline{y=x^3\sin\dfrac{1}{x} \text{ 是 } x\to 0 \text{ 时的无穷小}}$,

(理论基础为_____)

因而所求极限为零.

(2) 计算 $\lim\limits_{x\to\infty} \dfrac{\arctan x}{x}$.

解:因为 $\lim\limits_{x\to\infty}\dfrac{1}{x}=0$,即 $\underline{y=\dfrac{1}{x} \text{ 是 } x\to\infty \text{ 时的无穷小}}$,

(理论基础为_____)

且 $\underline{y=\arctan x \text{ 是有界函数}}$,

(理论基础为_____)

故 $\underline{y=\dfrac{\arctan x}{x} \text{ 是 } x\to\infty \text{ 时的无穷小}}$,

(理论基础为_____)

因而所求极限为零.

学号_____ 姓名_____ 专业_____

极限与连续——极限的运算法则(基础篇)

基础理论

1. 如果 $\lim f(x) = A, \lim g(x) = B$,那么
   (1) $\lim[f(x) \pm g(x)] = $ _____(和差法则);
   (2) $\lim[f(x) \cdot g(x)] = $ _____(积法则);
   (3) 若 $B \neq 0$,则 $\lim \dfrac{f(x)}{g(x)} = $ _____(商法则).

   注:这里的记号"lim"没有标明自变量的变化过程,表示上述结论对 $x \to x_0, x \to \infty$ 及单侧极限均成立.

2. 如果 $\lim\limits_{n\to\infty} x_n = A, \lim\limits_{n\to\infty} y_n = B$,那么
   (1) $\lim\limits_{n\to\infty}(x_n \pm y_n) = $ _____;   (2) $\lim\limits_{n\to\infty}(x_n \cdot y_n) = $ _____;
   (3) 若 $B \neq 0$,则 $\lim\limits_{n\to\infty} \dfrac{x_n}{y_n} = $ _____.

3. 如果 $f(x) \geq g(x)$,且 $\lim f(x) = A, \lim g(x) = B$,那么 _____.

4. 设 $P(x) = a_n x^n + a_{n-1} x^{n-1} + \cdots + a_1 x + a_0$ 为多项式函数,x_0 为任一实数,则 $\lim\limits_{x \to x_0} P(x) = $ _____.

5. 设 $P(x)$、$Q(x)$ 为多项式函数,$f(x) = \dfrac{P(x)}{Q(x)}$ 为有理分式函数,若 $Q(x_0) \neq 0$,则 $\lim\limits_{x \to x_0} f(x) = $ _____.

6. 设 $f(x) = \dfrac{P(x)}{Q(x)}$ 为有理分式函数,若 $Q(x_0) = 0, P(x_0) \neq 0$,则 $\lim\limits_{x \to x_0} f(x) = $ _____.

7. 设 $f(x) = \dfrac{a_n x^n + a_{n-1} x^{n-1} + \cdots + a_1 x + a_0}{b_m x^m + b_{m-1} x^{m-1} + \cdots + b_1 x + b_0}$,若 $n = m$,则 $\lim\limits_{x \to \infty} f(x) = $ _____;若 $n < m$,则 $\lim\limits_{x \to \infty} f(x) = $ _____;若 $n > m$,则 $\lim\limits_{x \to \infty} f(x) = $ _____.

8. 若 $\lim\limits_{x \to x_0} g(x) = u_0, \lim\limits_{u \to u_0} f[u] = A$,且在 x_0 的某一去心邻域内 $g(x) \neq u_0$,则 $\lim\limits_{x \to x_0} f[g(x)] = $ _____.

9. 设 $u(x)$ 是取值为正数的函数,$u(x)^{v(x)}$ 被称为幂指函数.若 $\lim u(x) = a > 0, \lim v(x) = b$,则 $\lim u(x)^{v(x)} = $ _____.

10. 若对于 x_0 的某个去心邻域内的所有 x,有 $g(x) \leq f(x) \leq h(x)$,且 $\lim\limits_{x \to x_0} g(x) = \lim\limits_{x \to x_0} h(x) = A$,则 $\lim\limits_{x \to x_0} f(x) = $ _____.

11. 若从某一项开始三数列 x_n, y_n, z_n 满足 $y_n \leq x_n \leq z_n$,且 $\lim\limits_{n \to \infty} y_n = \lim\limits_{n \to \infty} z_n = a$,则 $\lim\limits_{n \to \infty} x_n = $ _____.

12. 若数列 $\{x_n\}$ 满足:
    (1) $x_1 \leq x_2 \leq x_3 \leq \cdots \leq x_n \leq x_{n+1} \leq \cdots$;
    (2) $x_n \leq M, M$ 为实数;则 $\{x_n\}$ _____.(填写"收敛"或"发散")

13. 若数列 $\{x_n\}$ 满足:
    (1) $x_1 \geq x_2 \geq x_3 \geq \cdots \geq x_n \geq x_{n+1} \geq \cdots$;
    (2) $x_n \geq K, K$ 为实数;则 $\{x_n\}$ _____.(填写"收敛"或"发散")

基础运算

1. $\lim\limits_{x\to\infty}\dfrac{3x^5-4x^2+1}{5x^3+6x^5-2}=$ _____ .

2. $\lim\limits_{x\to-1}\dfrac{x-1}{x^2+3x+2}=$ _____ .

3. $\lim\limits_{x\to 0}\dfrac{\sin x}{x}=$ _____ .

4. $\lim\limits_{x\to 0}\dfrac{\arcsin x}{x}=$ _____ .

5. $\lim\limits_{x\to 0}\dfrac{\tan x}{x}=$ _____ .

6. $\lim\limits_{x\to 0}\dfrac{\arctan x}{x}=$ _____ .

7. $\lim\limits_{x\to 0}\dfrac{1-\cos x}{x^2}=$ _____ .

8. $\lim\limits_{x\to 0}\dfrac{e^x-1}{x}=$ _____ .

9. $\lim\limits_{x\to 0}\dfrac{\ln(1+x)}{x}=$ _____ .

10. $\lim\limits_{x\to\infty}\left(1+\dfrac{1}{x}\right)^x=$ _____ .

极限与连续——极限的运算法则（提高篇）(1)

一、设 $f(x)=\begin{cases}\sqrt{1-x^2}, & 0\leqslant x<1,\\ 2e^{x-1}-1, & 1\leqslant x<2,\\ 2, & x=2,\end{cases}$ 求 $\lim\limits_{x\to 1^-}f(x)$、$\lim\limits_{x\to 1^+}f(x)$、$\lim\limits_{x\to 1}f(x)$ 以及 $\lim\limits_{x\to 2^-}f(x)$.

二、求极限.

1. $\lim\limits_{x\to -2^+}\left(\dfrac{x}{x+1}\right)\left(\dfrac{2x+5}{x^2+x}\right)$.

2. $\lim\limits_{h\to 0^+}\dfrac{\sqrt{h^2+4h+5}-\sqrt{5}}{h}$.

3. $\lim\limits_{x\to 1^+}\dfrac{\sqrt{2}x(x-1)}{|x-1|}$.

4. $\lim\limits_{n\to\infty}\left[\dfrac{1}{2}+\dfrac{1}{6}+\dfrac{1}{12}+\cdots+\dfrac{1}{n(n+1)}\right]$.

5. $\lim\limits_{x\to -\infty}\dfrac{2-x+\sin x}{x+\cos x}$.

6. $\lim\limits_{x\to +\infty}\dfrac{5e^x-e^{-x}}{3e^x+4e^{-x}}$.

7. $\lim\limits_{x\to -\infty}x(\sqrt{x^2+1}+x)$.

8. $\lim\limits_{x\to\infty}\dfrac{2^x-1}{2^x+1}$.

三、求曲线 $y=\dfrac{x^2-3x+2}{x^3-2x^2}$ 的水平渐近线及铅直渐近线.

四、完成下列计算.

1. 设 $\lim\limits_{x\to 0}g(x)=A$，且 $\lim\limits_{x\to 0}\dfrac{4-g(x)}{x}=1$，求 A.

2. 已知 $\lim\limits_{x\to 0}\dfrac{f(2x)}{x}=4$，求 $\lim\limits_{x\to 0}\dfrac{2x}{f(3x)}$.

五、设 $\lim\limits_{x\to\infty}\dfrac{(x-1)(2-x)(x-3)(x-4)(x-6)}{(2x-1)^k}=A$，计算 $A\cdot k$.

· 28 ·

极限与连续——极限的运算法则(提高篇)(2)

一、求极限.

1. $\lim\limits_{y \to 0} \dfrac{\sin 3y \cot 5y}{y \cot 4y}$.

2. $\lim\limits_{x \to 0} (\cot 4x)(\arctan 6x)$.

3. $\lim\limits_{x \to 0} (1-2x)^{\frac{3}{x}}$.

4. $\lim\limits_{x \to \infty} \left(\dfrac{3+4x}{4x-1}\right)^x$.

5. $\lim\limits_{n \to \infty} \dfrac{3^n}{2} \sin \dfrac{5}{3^n}$.

6. $\lim\limits_{n \to \infty} \left(\dfrac{n-3}{n+2}\right)^{7n}$.

7. $\lim\limits_{x \to 0} \dfrac{\ln(1-5x)}{e^{3x}-1}$.

8. $\lim\limits_{x \to 0} \dfrac{1-\cos 2x}{x \sin 4x}$.

二、已知 $f(x)=(1-5x)^{\frac{1}{x}}$，求 $\lim\limits_{x\to 0}\left[f(x)+\dfrac{2-x}{3+x}\right]$.

三、设 $x_n=\dfrac{2^n-3^n}{n}$，计算 $\lim\limits_{n\to\infty}\dfrac{x_{n+1}}{x_n}$.

四、已知 $\lim\limits_{n\to\infty}\sqrt[n]{a}=1$，其中 $a>0$，求 $\lim\limits_{n\to\infty}(3^n+4^n)^{\frac{1}{n}}$.

五、设 $\{x_n\}$ 是非负数列，满足 $3x_{n+1}^2+5x_n-2=0$，若 $\lim\limits_{n\to\infty}x_n=a$，求 a.

六、若 $\lim\limits_{x\to 0}\dfrac{\cos x+2b}{x(e^x-a)}=c\neq 0$，设 $F(x)=ax^2-4bx+c$，求 $F(3)$.

极限与连续——无穷小的比较（基础篇）

📝 基础理论

1. 设 α,β 是同一自变量变化过程中的无穷小，且 $\alpha\neq 0$，

   (1) 如果 $\lim\dfrac{\beta}{\alpha}=0$，则称 β 是比 α _____ 的无穷小，记作 _____；

   (2) 如果 $\lim\dfrac{\beta}{\alpha}=\infty$，则称 β 是比 α _____ 的无穷小；

   (3) 如果 $\lim\dfrac{\beta}{\alpha}=C\neq 0$，则称 β 与 α 是 _____ 无穷小；

   (4) 如果 $\lim\dfrac{\beta}{\alpha}=1$，则称 β 与 α 是 _____ 无穷小，记作 _____；

   (5) 如果 $\lim\dfrac{\beta}{\alpha^k}=C\neq 0, k>0$，则称 β 是关于 α 的 _____ 无穷小.

2. 设在同一自变量的趋近过程中，$\alpha\neq 0, \alpha\sim\tilde{\alpha}, \beta\sim\tilde{\beta}$，且 $\lim\dfrac{\tilde{\beta}}{\tilde{\alpha}}=A$，则 $\lim\dfrac{\beta}{\alpha}=$ _____.

 基础运算

1. 当 $x\to 0$ 时，写出以下等价无穷小：

   (1) $\sin x\sim$ _____ ； (2) $\arcsin x\sim$ _____ ； (3) $1-\cos x\sim$ _____ ；

   (4) $\tan x\sim$ _____ ； (5) $\arctan x\sim$ _____ ； (6) $e^x-1\sim$ _____ ；

   (7) $a^x-1\sim$ _____ ； (8) $\ln(1+x)\sim$ _____ ； (9) $(1+x)^\alpha-1\sim$ _____ .

2. 当 $n\to\infty$ 时，写出以下等价无穷小：

   (1) $\left(1+\dfrac{1}{n}\right)^3-1\sim$ _____ ； (2) $1-\cos\dfrac{2}{n^2}\sim$ _____ ； (3) $\arctan\dfrac{1}{n^3}\sim$ _____ ；

   (4) $\sin\dfrac{4}{3n}\sim$ _____ ； (5) $\ln\left(1-\dfrac{1}{n}\right)\sim$ _____ ； (6) $e^{\frac{8}{n}}-1\sim$ _____ ；

   (7) $\tan\dfrac{11}{2n^5}\sim$ _____ ； (8) $9^{\frac{1}{n}}-1\sim$ _____ ； (9) $\arcsin\dfrac{7}{n^2}\sim$ _____ .

3. 若有 $t=\omega(x)$ 满足 $x\to x_0$ 时，$t\to 0$，则有

   (1) $\sin\omega(x)\sim$ _____ ； (2) $\arcsin\omega(x)\sim$ _____ ； (3) $1-\cos\omega(x)\sim$ _____ ；

   (4) $\tan\omega(x)\sim$ _____ ； (5) $\arctan\omega(x)\sim$ _____ ； (6) $[1+\omega(x)]^\alpha-1\sim$ _____ ；

   (7) $e^{\omega(x)}-1\sim$ _____ ； (8) $\ln[1+\omega(x)]\sim$ _____ ； (9) $a^{\omega(x)}-1\sim$ _____ .

4. 当 $x\to 1$ 时，判断 x^2-3x+2 是 x^2-1 的高阶、低阶还是同阶无穷小.

5. 证明:设在同一自变量的趋近过程中,$\alpha \sim \beta$,则$(-\alpha) \sim (-\beta)$.

6. 证明同阶无穷小具有以下性质.
   (1) 反身性:设α是无穷小,则α是α的同阶无穷小;

   (2) 对称性:在同一自变量的趋近过程中,β是α的同阶无穷小,则α也是β的同阶无穷小;

   (3) 传递性:在同一自变量的趋近过程中,β是α的同阶无穷小,γ是β的同阶无穷小,则γ是α的同阶无穷小.

极限与连续——无穷小的比较（提高篇）

一、当 $x \to 0^+$ 时，有

(1) $1-\cos\sqrt[3]{x^4} \sim$ _____，是 x 的_____阶（填入数字）无穷小；

(2) $\arctan\dfrac{\sqrt[5]{x}}{2} \sim$ _____，是 x 的_____阶（填入数字）无穷小；

(3) $e^{3x^4}-1 \sim$ _____，是 x 的_____阶（填入数字）无穷小；

(4) $\tan x^3 \sim$ _____，是 x 的_____阶（填入数字）无穷小；

(5) $\ln(1+x^{\frac{3}{4}}) \sim$ _____，是 x 的_____阶（填入数字）无穷小；

(6) $1-\sqrt[5]{1-x^6} \sim$ _____，是 x 的_____阶（填入数字）无穷小；

(7) $\sin 3\sqrt{x} \sim$ _____，是 x 的_____阶（填入数字）无穷小；

(8) $a^{x\sqrt{x}}-1 \sim$ _____，是 x 的_____阶（填入数字）无穷小；

(9) $\arcsin 5x^2 \sim$ _____，是 x 的_____阶（填入数字）无穷小；

(10) $\ln(1+x)+2x \sim$ _____，是 x 的_____阶（填入数字）无穷小.

并将这些无穷小的题目序号按照由低阶到高阶的顺序依次排列（只写序号）.

二、求极限.

1. $\lim\limits_{x \to 0} \dfrac{\sqrt[3]{1+x}-1}{2x}$.

2. $\lim\limits_{x \to 0} \dfrac{(1-\cos x)}{x\ln(1+x)}$.

3. $\lim\limits_{x \to 0} \dfrac{1-e^{-x}}{\sin x}$.

4. $\lim\limits_{x \to 0} \dfrac{\tan(2x)\sin x}{e^{3x^2}-1}$.

5. $\lim\limits_{x \to 1} \dfrac{\arcsin(1-x)}{2x(x-1)}$.

6. $\lim\limits_{x \to \frac{\pi}{2}} \dfrac{1-\sin x}{\cos x}$.

三、完成下列计算.

1. 当 $x \to 1^+$ 时,$\dfrac{3x(1-x)}{2+\sqrt{x-1}} \sim A(x-1)^k$,求 $5k-2A$.

2. 当 $x \to 0$ 时,$\sqrt{1+\tan x} - \sqrt{1+\sin x} \sim Ax^k$,求 $\dfrac{k}{A}$.

四、当 $x \to 0$ 时,$1-\cos\dfrac{x^3}{2}$ 是比 $x\sin x^\lambda$ 高阶的无穷小,而 $x\sin x^\lambda$ 是比 $(\tan\sqrt[5]{x^3}) \cdot (\arcsin x^2)$ 高阶的无穷小,求正数 λ 的取值范围.

学号_____ 姓名_____ 专业_____

极限与连续——函数的连续性（基础篇）

基础理论

1. 设 x_0 是函数 $f(x)$ 定义域中的一点，若 $\lim\limits_{x \to x_0} f(x) = f(x_0)$，则称 $f(x)$ 在点 x_0 处_____，x_0 是 $f(x)$ 的_____，否则称 $f(x)$ 在点 x_0 处_____（或不连续），x_0 是 $f(x)$ 的_____.

2. 若 $\lim\limits_{x \to x_0^-} f(x) = f(x_0)$，则称 $f(x)$ 在点 x_0 处_____；若 $\lim\limits_{x \to x_0^+} f(x) = f(x_0)$，则称 $f(x)$ 在点 x_0 处_____.

3. 若函数 $f(x)$ 在开区间 (a, b) 内每一个点都连续，则称 $f(x)$ 在 (a, b) 上_____. 若此时 $f(x)$ 在 $x = a$ 处右连续，$x = b$ 处左连续，则称 $f(x)$ 在闭区间 $[a, b]$ 上_____，在区间上连续的函数图象是一条连绵不断的曲线.

4. 若函数 $f(x)$ 和 $g(x)$ 在 $x = c$ 处连续，则它们的下列组合在 $x = c$ 处也_____：
   (1) 和差 $f \pm g$；(2) 积 $f \cdot g$；(3) 商 f/g（只要 $g(c) \neq 0$）.

5. 若 $\lim\limits_{x \to x_0} f(x) = c$，$g(u)$ 在 $u = c$ 处连续，则 $\lim\limits_{x \to x_0} g[f(x)] = g[\underline{\qquad}]$.

6. 若 $f(x)$ 在 $x = c$ 处连续，$g(u)$ 在 $f(c)$ 处连续，则复合函数 $g[f(x)]$ 在 $x = c$ 处也_____.

7. 幂函数、指数函数、对数函数、三角函数、反三角函数在其定义域上_____.

8. 初等函数在其定义域中的任一区间上_____.

9. 若 $\lim\limits_{x \to x_0^-} f(x) = \lim\limits_{x \to x_0^+} f(x) \neq f(x_0)$，则点 x_0 称为 $f(x)$ 的_____. 若左极限、右极限存在但不相等，这样的点称为 $f(x)$ 的_____.

10. 若 x_0 是函数 $f(x)$ 的间断点，且左极限 $\lim\limits_{x \to x_0^-} f(x)$ 和右极限 $\lim\limits_{x \to x_0^+} f(x)$ 都存在，则称 x_0 是 $f(x)$ 的_____，否则称其为_____.

11. 如果 $f(x)$ 在 $[a, b]$ 上连续，并且在两端点的函数值异号，则 $f(x)$ 在 (a, b) 上至少有一点 c，使得_____.

12. 如果 $f(x)$ 在 $[a, b]$ 上连续，则 $f(x)$ 在 $[a, b]$ 上一定有最大值 M 和最小值 m，且存在 $[a, b]$ 的点 x_1, x_2 使得 $m = f(x_1) \leq f(x) \leq f(x_2) = M$ 对一切 $a \leq x \leq b$ 都成立，此结论被称为闭区间上连续函数的_____定理.

13. 如果 $f(x)$ 在 $[a, b]$ 上连续，最大值为 M，最小值为 m，则任取 M 与 m 之间的数 C，都有 $[a, b]$ 上一点 ξ，使得 $f(\xi) = C$. 此结论被称为闭区间上连续函数的_____定理.

基础运算

1. 看图说明所示函数在区间 $[-1, 3]$ 是否连续. 如果不连续，指出其中的间断点.

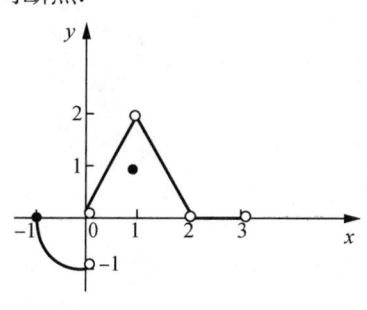

2. 下列函数在哪些点是连续的?

(1) $y = \dfrac{x+3}{x^2-3x-10}$;

(2) $y = \tan \dfrac{\pi x}{2}$;

(3) $y = \sqrt{3x+2}$.

3. 设函数 $f(x) = (x-a)^2(x-b)^4 + x$,证明:一定存在实数 c,使得 $f(c) = \dfrac{a+b}{2}$.

极限与连续——函数的连续性(提高篇)

一、设 $f(x)=\begin{cases}\dfrac{x+3}{x-2}, & x>1,\\ e^{\frac{1}{x-1}}, & 0<x<1,\\ \ln(2+x), & -1<x<0,\end{cases}$ 讨论函数在 $[-1,+\infty)$ 上的连续性,并说明间断点类型,如果有可去间断点,请补充或修改定义使其连续.

二、讨论以下函数在何处连续,如有可去间断点,请写出此类间断点.

1. $y=\dfrac{\tan x}{x(|x|+1)}$.

2. $y=\dfrac{\sqrt[4]{3x-1}}{\pi+\arcsin x}$.

三、求极限.

1. $\lim\limits_{x\to\frac{\pi}{3}}\ln\left(2\sin\dfrac{x}{2}\right)$.

2. $\lim\limits_{x\to c}\dfrac{a^x-a^c}{x-c}$.

3. $\lim\limits_{x\to 0}(1+3\tan 5x)^{\cot 4x}$.

4. $\lim\limits_{x\to\frac{\pi}{4}}(\tan x)^{\tan 2x}$.

四、设函数 $f(x)$ 在 $x=0$ 处连续，且 $\lim\limits_{x\to 0}\dfrac{\ln\left[1+\dfrac{f(x)}{\sin x}\right]}{3^x-1}=-2$，令 $\lim\limits_{x\to 0}\dfrac{f(x)}{x}=A$，$\lim\limits_{x\to 0}\dfrac{f(x)}{x^2}=B$，求 $3A-2B+f(0)$．

五、设 $f(x)=\lim\limits_{n\to\infty}\dfrac{x^{2n-1}+x^2-x}{x^{2n}+1}$，求 $f(x)$．

六、如果函数 $f(x)$ 在 $[a,b]$ 上连续，且 $f(a)f(b)<0$，则 $f(x)$ 在 (a,b) 一定有零点．可以通过分析区间中点处函数值的正负号来进一步精确零点的位置，这种缩小零点范围的方法称为二分法．请利用这种方法证明方程 $x^3-15x+1=0$ 在区间 $[-4,4]$ 上有三个解．

学号_____ 姓名_____ 专业_____

极限与连续——重极限(基础篇)

基础理论

1. 设二元函数 $f(x,y)$ 的定义域为平面区域 D,若 D 内的动点 $P(x,y)$ 以任何方式趋近于定点 $P_0(x_0,y_0)$ 时,函数值 $f(P)$ 都无限接近于一个确定的常数 A,则称 A 为函数 $f(x,y)$ 当 $(x,y) \to (x_0, y_0)$ 时的二重极限,记作_____.

2. 如果动点 $P(x,y)$ 沿着曲线 C_1 趋近于定点 $P_0(x_0,y_0)$ 时,函数值 $f(P)$ 无限接近于常数 A,动点 P 再沿着曲线 C_2 趋近于点 P_0 时,函数值 $f(P)$ 无限接近于常数 B,而 $A \neq B$,则 $\lim\limits_{(x,y) \to (x_0, y_0)} f(x,y)$ 一定_____.

3. 二重极限从定义看与一元函数的极限本质相同,因而一元函数的极限运算规则同样适用于二重极限的计算,二重极限的计算同样可以使用_____、_____、_____等方法.

4. 设二元函数 $f(x,y)$ 的定义域为 D, $P_0(x_0,y_0) \in D$. 如果 $\lim\limits_{(x,y) \to (x_0, y_0)} f(x,y) = f(x_0, y_0)$,则称函数 $f(x,y)$ 在点 $P_0(x_0,y_0)$ _____,否则称 $P_0(x_0,y_0)$ 是函数 $f(x,y)$ 的_____.

5. 如果 $f(x,y)$ 在区域 D 上的每一点处都连续,那么称函数 $f(x,y)$ 在区域 D 上_____,或称 $f(x,y)$ 是区域 D 上的_____.

6. 多元初等函数在其_____是连续的.

7. 与闭区间上一元函数的性质类似,在有界闭区域上连续的多元函数同样满足_____定理及_____定理.

基础运算

1. 画出函数 $f(x,y) = \ln(x \cdot \ln y)$ 的定义域.

2. 讨论以下函数在何处连续,并分别在平面或空间画出连续点构成的集合图形.

    (1) $f(x,y) = \dfrac{1 + \ln xy}{x^2 - y^2}$;   (2) $f(x,y,z) = xz \sin \dfrac{1}{y+2}$.

3. 求极限.

(1) $\lim\limits_{(x,y)\to(1,-1)} \dfrac{2x^2-5y^3}{x^2+y^2+1}$;

(2) $\lim\limits_{(x,y)\to(1,2)} \dfrac{x^2-y^2}{x-y}$;

(3) $\lim\limits_{(x,y,z)\to(1,2,3)} \left(\dfrac{x}{y}+\dfrac{y}{z}+\dfrac{z}{x}\right)$;

(4) $\lim\limits_{(x,y,z)\to(1,-2,-3)} e^{x+y}\cos(\pi z)$.

4. 讨论函数

$$f(x,y)=\begin{cases}\dfrac{3xy}{x^2+y^2}, & (x,y)\neq(0,0),\\ 0, & (x,y)=(0,0)\end{cases}$$

在原点的连续性.

极限与连续——重极限(提高篇)

一、 设 $\lim\limits_{(x,y)\to(1,-2)} f(x,y)=4$,试讨论 $f(x,y)$ 在点 $(1,-2)$ 处的函数值,并判断 $f(x,y)$ 在该点是否连续.

二、 讨论以下函数在何处连续,并分别在平面或空间画出连续点构成的集合图形.

1. $f(x,y)=\dfrac{x^3+2x^2y-2y^3}{2+\cos y}$.

2. $f(x,y,z)=\dfrac{z}{|x|+|y|-1}$.

三、 求极限.

1. $\lim\limits_{(x,y)\to(0,1)} \dfrac{e^y \cdot \sin xy}{x}$.

2. $\lim\limits_{(x,y)\to(0,0)} \dfrac{2x^2\sqrt{y^5}}{x^4+y^4}$.

3. $\lim\limits_{(x,y,z)\to(0,0,0)} \dfrac{x^2+y^3+z^4}{\sqrt{x^2+y^3+z^4+1}-1}$.

四、通过考察不同的趋近路径，证明以下极限不存在.

1. $\lim\limits_{(x,y)\to(0,0)} \dfrac{y}{\sqrt{x^2+y^2}}$.

2. $\lim\limits_{(x,y)\to(0,0)} \dfrac{x^2-y^4}{x^2+y^4}$.

五、讨论二元函数 $f(x,y)=\begin{cases} \dfrac{x^2 y^3}{2x^4+y^2}, & (x,y)\neq(0,0), \\ 1, & (x,y)=(0,0) \end{cases}$ 在原点处的连续性.

六、设 $f(x,y)=\ln(2x^2-y-1)$，画出此二元函数的连续区域.

七、设 $f(x,y,z)=\sqrt{z-x^2-y^2}$，画出其连续点构成的集合图形.

学号_____ 姓名_____ 专业_____

极限与连续——级数（基础篇）

基础理论

1. 设 $\{u_n\}$ 是数列，则 $u_1+u_2+\cdots+u_n+\cdots$ 称为一个_____，简称_____，记作 $\sum\limits_{n=1}^{\infty}u_n$. 其中第 n 项 u_n 称为级数 $\sum\limits_{n=1}^{\infty}u_n$ 的_____．

2. 设 $s_n=u_1+u_2+\cdots+u_n(n=1,2,3,\cdots)$，称 $\{s_n\}$ 为级数 $\sum\limits_{n=1}^{\infty}u_n$ 的_____，如果 $\{s_n\}$ 收敛，则称级数 $\sum\limits_{n=1}^{\infty}u_n$ 是_____，极限 $\lim\limits_{n\to\infty}s_n$ 称为级数的_____，否则，称级数 $\sum\limits_{n=1}^{\infty}u_n$ 是_____．

3. 设级数 $\sum\limits_{n=1}^{\infty}u_n$，$\sum\limits_{n=1}^{\infty}v_n$ 收敛，则级数 $\sum\limits_{n=1}^{\infty}(u_n\pm v_n)$ _____．（填"收敛"或"发散"）

4. 设级数 $\sum\limits_{n=1}^{\infty}u_n$ 发散，$\sum\limits_{n=1}^{\infty}v_n$ 收敛，则级数 $\sum\limits_{n=1}^{\infty}(u_n\pm v_n)$ _____．（填"收敛"或"发散"）

5. k 是非零实数，则级数 $\sum\limits_{n=1}^{\infty}ku_n$ 与 $\sum\limits_{n=1}^{\infty}u_n$ 同时_____或同时_____．（填"收敛"或"发散"）

6. 去掉或增加_____不改变级数的敛散性．

7. 收敛级数加括号后组成的新级数_____，且和不变．（填"收敛"或"发散"）

8. 若加括号后组成的新级数发散，则原级数_____．（填"收敛"或"发散"）

9. 如果级数 $\sum\limits_{n=1}^{\infty}u_n$ 收敛，则 $\lim\limits_{n\to\infty}u_n=$ _____．

10. 如果级数 $\sum\limits_{n=1}^{\infty}u_n$ 中每一项 $u_n\geq 0$，则称此级数为_____．

11. 正项级数 $\sum\limits_{n=1}^{\infty}u_n$ 收敛的充分必要条件是部分和数列 $\{s_n\}$ _____．

12. 设级数 $\sum\limits_{n=1}^{\infty}u_n$，$\sum\limits_{n=1}^{\infty}v_n$ 是正项级数，如果 $u_n\leq v_n(n=1,2,3,\cdots)$，则

    (1) 当 $\sum\limits_{n=1}^{\infty}v_n$ 收敛时，级数 $\sum\limits_{n=1}^{\infty}u_n$ _____；（填"收敛"或"发散"）

    (2) 当 $\sum\limits_{n=1}^{\infty}u_n$ 发散时，级数 $\sum\limits_{n=1}^{\infty}v_n$ _____．（填"收敛"或"发散"）

13. 如果 $\lim\limits_{n\to\infty}\dfrac{u_n}{v_n}=l(\neq 0)$，则正项级数 $\sum\limits_{n=1}^{\infty}u_n$，$\sum\limits_{n=1}^{\infty}v_n$ 同时_____或同时_____．（填"收敛"或"发散"）

14. 设 $\sum\limits_{n=1}^{\infty}u_n$ 为正项级数，如果 $\lim\limits_{n\to\infty}\dfrac{u_{n+1}}{u_n}=\rho$，则

    (1) 当 $\rho<1$ 时，级数_____；（填"收敛"或"发散"）

    (2) 当 $\rho>1$（或 $\lim\limits_{n\to\infty}\dfrac{u_{n+1}}{u_n}=\infty$）时，级数_____．（填"收敛"或"发散"）

15. 设 $\sum\limits_{n=1}^{\infty}u_n$ 为正项级数，如果 $\lim\limits_{n\to\infty}\sqrt[n]{u_n}=\rho$，则

(1) 当 $\rho > 1$(或 $\lim\limits_{n\to\infty}\dfrac{u_{n+1}}{u_n}=\infty$)时,级数_____;(填"收敛"或"发散")

(2) 当 $\rho < 1$ 时,级数_____.(填"收敛"或"发散")

16. 如果交错级数 $\sum\limits_{n=1}^{\infty}(-1)^{n-1}u_n$ 满足条件:(1)_____;(2)_____,则级数收敛.

17. 如果级数 $\sum\limits_{n=1}^{\infty}|u_n|$ 收敛,则级数 $\sum\limits_{n=1}^{\infty}u_n$ _____.(填"收敛"或"发散")

*18. 级数 $\sum\limits_{n=0}^{\infty}a_n x^n$ 称为关于 x 的幂级数. 幂级数的收敛域是一个关于原点对称的区间(可能包括端点,也可能不包括端点),其中对应的开区间 $(-R, R)$ 称为幂级数的_____,R 称为_____.

*19. 对于幂级数 $\sum\limits_{n=0}^{\infty}a_n x^n$,$a_n \neq 0$,如果 $\lim\limits_{n\to\infty}\left|\dfrac{a_{n+1}}{a_n}\right|=\rho$,则该幂级数的收敛半径 $R=$_____.

学号_____ 姓名_____ 专业_____

极限与连续——级数(提高篇)

一、根据下列情况,判断级数的敛散性,并说明理由.

1. 设级数 $\sum\limits_{n=1}^{\infty} u_n$ 收敛,判断级数 $\sum\limits_{n=1}^{\infty}(u_n+1)$ 是否收敛,并说明理由.

2. 设级数 $\sum\limits_{n=1}^{\infty} u_n$ 收敛,$\sum\limits_{n=1}^{\infty} v_n$ 发散,判断级数 $\sum\limits_{n=1}^{\infty}(3u_n-v_n)$ 是否收敛,并说明理由.

3. 设级数 $\sum\limits_{n=1}^{\infty} u_n$ 收敛,判断级数 $1+3+9+\cdots+3^{99}+\sum\limits_{n=101}^{\infty} u_n$ 是否收敛,并说明理由.

二、求下列级数的和.

1. $\sum\limits_{n=0}^{\infty} e^{-n}$.

2. $\sum\limits_{n=2}^{\infty} \dfrac{-2}{n(n-1)}$.

三、判断下列级数的敛散性,并说明理由.

1. $\sum\limits_{n=0}^{\infty} \dfrac{1}{(\sqrt{3})^n}$.

2. $\sum\limits_{n=0}^{\infty} \dfrac{5^n-1}{4^n}$.

3. $\sum\limits_{n=1}^{\infty} \left(1+\dfrac{1}{n}\right)^n$.

4. $\sum\limits_{n=1}^{\infty} \dfrac{\pi}{3n}$.

四、判断下列正项级数的敛散性(在空格处填写"收敛"或"发散"),并说明理由.

(1) $\sum_{n=1}^{\infty} \frac{1}{\sqrt{n}}$ _____,理由是_____;

(2) $\sum_{n=1}^{\infty} \ln\left(1+\frac{1}{n}\right)$ _____,理由是_____;

(3) $\sum_{n=1}^{\infty} \frac{n!}{10\,000^n}$ _____,理由是_____;

(4) $\sum_{n=1}^{\infty} \frac{n!}{n^n}$ _____,理由是_____;

(5) $\sum_{n=1}^{\infty} \frac{2^n}{n^3 \cdot 3^n}$ _____,理由是_____;

(6) $\sum_{n=1}^{\infty} \frac{\sqrt{n}}{n^3+1}$ _____,理由是_____.

五、利用等比级数的敛散性,讨论下列题目中当 x 满足什么条件时级数发散,当 x 满足什么条件时级数收敛,收敛时求出级数的和.

1. $\sum_{n=0}^{\infty} (-1)^n x^{-2n}$.

2. $\sum_{n=0}^{\infty} (x-1)^n$.

3. $\sum_{n=0}^{\infty} \left(-\frac{1}{4}\right)^n (x+2)^n$.

极限与连续——测验卷

一、填空选择题.

1. 若数列 $\{x_n\}$ 发散，$\{y_n\}$ 收敛，则 $\{x_n - y_n\}$（　　）.
　　A. 有界　　　　　　B. 无界　　　　　　C. 发散　　　　　　D. 收敛

2. 如果 $\lim\limits_{x \to x_0} f(x)$ 存在，则 $f(x_0)$（　　）.
　　A. 不一定存在　　　B. 无定义　　　　　C. 有定义　　　　　D. $=0$

3. 若 $\lim\limits_{x \to \infty} x^k \arctan \dfrac{2}{x^2} = 2$，则 $k =$ ＿＿＿＿＿＿．

4. 设级数 $\sum\limits_{n=1}^{\infty} u_n$ 收敛，则（在空格处填写"收敛""发散"或"无法确定"）

　　(1) $\sum\limits_{n=1}^{\infty} (u_n + 1)^{\frac{1}{u_n}}$ ＿＿＿＿＿；　　(2) $\sum\limits_{n=1}^{\infty} \left(u_n + \dfrac{1}{n}\right)$ ＿＿＿＿＿；

　　(3) $1 - 2 + 3 - 4 + \cdots + 4\,050 + \sum\limits_{4\,051}^{\infty} u_n$ ＿＿＿＿＿．

5. 当 $x \to 0$ 时，$1 - \cos x^k$ 既是 $\ln(1 + x\sqrt{x})$ 的高阶无穷小，又是 $(\tan^2 x) \cdot (\sin x^3)$ 的低阶无穷小，则 k 的取值范围用区间表示为＿＿＿＿＿＿．

6. 下列级数中收敛的是（　　）.
　　A. $\sum\limits_{n=1}^{\infty} \left(1 + \dfrac{1}{2n}\right)^n$　　　　　　　　B. $\sum\limits_{n=1}^{\infty} \left(e^{-n} + \dfrac{4}{n}\right)$
　　C. $\sum\limits_{n=1}^{\infty} \dfrac{6^n - 1}{5^n}$　　　　　　　　　　D. $\sum\limits_{n=1}^{\infty} \dfrac{n^2}{2^n}$

7. 设函数 $f(x) = \begin{cases} \dfrac{\arctan(ax)}{3x} - 5, & x > 0, \\ e^{-\frac{x^2}{2}} + \cos x, & x \leqslant 0 \end{cases}$ 在 $x = 0$ 处连续，则 $a =$ ＿＿＿＿＿＿．

二、计算下列极限.

1. 设 $f(x) = \dfrac{1 - a^{\frac{1}{x}}}{1 + a^{\frac{1}{x}}}$ $(a > 0)$，求 $\lim\limits_{x \to 0} f(x)$.

2. $\lim\limits_{x \to +\infty} (\sin\sqrt{x+1} - \sin\sqrt{x-1})$.

3. $\lim\limits_{x \to 0} \dfrac{e^x - e^{x\cos x}}{x\ln(1+x^2)}$.

4. $\lim\limits_{x \to 0} \dfrac{\ln(1+x+x^2) - \ln(1+x-x^2)}{\sec x - \cos x}$.

三、已知 $\lim\limits_{x \to +\infty}(5x - \sqrt{ax^2 - bx + c}) = 2$,求 a,b 的值.

四、讨论函数 $y = \dfrac{\tan x}{x(\mathrm{e}^{\frac{1}{x}} - \mathrm{e})}$ 在 $[-\pi, \pi]$ 上的第一类间断点.

五、求数列和式极限 $\lim\limits_{n \to \infty} \left(\dfrac{1^2}{n^3+n+1} + \dfrac{2^2}{n^3+2n+2} + \cdots + \dfrac{n^2}{n^3+n^2+n} \right)$.

六、讨论函数 $y = \dfrac{2x^3 + 6x^2 + 6x + 2}{x^3 - 4x^2 - 5x}$ 的水平、铅直渐近线.

七、 设 $f(x)=x+\sqrt{1+3x^2}$, $g(x)=1+ax+bx^2$, 若当 $x \to 0$ 时 $f(x)-g(x)$ 是 x^2 的高阶无穷小, 求 a, b.

八、 讨论 $f(x,y)=\begin{cases} \dfrac{xy}{\sqrt{x^2+y^2}}, & x^2+y^2 \neq 0, \\ 0, & x^2+y^2=0 \end{cases}$ 在原点处的连续性.

学号_____ 姓名_____ 专业_____

导数与微分——导数的概念（基础篇）

基础理论

1. 设函数 $f(x)$ 在 x_0 的某邻域内有定义，若 $\lim\limits_{x \to x_0} \dfrac{f(x) - f(x_0)}{x - x_0}$ 存在，则称 $f(x)$ 在点 x_0 处可导，x_0 为 $f(x)$ 的可导点，否则称 $f(x)$ 在点 x_0 处不可导. 此时极限 $\lim\limits_{x \to x_0} \dfrac{f(x) - f(x_0)}{x - x_0}$ 称为 $f(x)$ 在点 x_0 处（对 x）的_____，记为_____.

2. 导数定义中的极限也可以写成 $f'(x_0) = \lim\limits_{\Delta x \to 0} \dfrac{\Delta y}{\Delta x} = \lim\limits_{\Delta x \to 0} \dfrac{}{\Delta x}$.

3. $f(x)$ 在点 x_0 处的导数 $f'(x_0)$ 是 $y = f(x)$ 的函数图象在点 $(x_0, f(x_0))$ 处的_____，则曲线 $y = f(x)$ 在点 $(x_0, f(x_0))$ 处的切线方程为_____.

4. 若 $f'(x_0) \neq 0$，曲线 $y = f(x)$ 在点 $(x_0, f(x_0))$ 处的法线方程为_____. 若 $f'(x_0) = 0$，曲线 $y = f(x)$ 在点 $(x_0, f(x_0))$ 处的法线方程为_____.

5. 如果 $\lim\limits_{x \to x_0^+} \dfrac{f(x) - f(x_0)}{x - x_0}$（或 $\lim\limits_{x \to x_0^-} \dfrac{f(x) - f(x_0)}{x - x_0}$）存在，则称 $f(x)$ 在点 x_0 处右（左）可导，对应的极限称为 $f(x)$ 在点 x_0 处的_____（或_____），记为_____（或_____）.

6. 函数在一点可导当且仅当它在该点左导数和右导数存在，且两单侧导数_____.

7. 设函数 $f(x)$ 在开区间 (a, b) 内有定义，若 $f(x)$ 在 (a, b) 内每一点都可导，则称 $f(x)$ 在 (a, b)_____. 如果 $f(x)$ 在 (a, b) 内可导，在 a 点有右导数，在 b 点有左导数，则称 $f(x)$ 在 $[a, b]$ 上_____.

8. 函数 $y = f(x)$ 的可导点一定是_____点.

基础运算

1. 求导数.
   (1) $(C)' = $ _____；
   (2) $(x^\lambda)' = $ _____；
   (3) $(a^x)' = $ _____；
   (4) $(\log_a x)' = $ _____；
   (5) $(e^x)' = $ _____；
   (6) $(\ln x)' = $ _____；
   (7) $(\sin x)' = $ _____；
   (8) $(\cos x)' = $ _____.

2. 在时间 $t \geq 0$ 时，质点沿直线运动的位移 $s = t^3 - 4t^2 + 9t$，求：
   (1) 质点从 $t = 0$ 到 $t = 2$ 移动的总距离；
   (2) 质点在 $t = 2$ 时的速度.

3. 设 $\lim\limits_{h\to 0}\dfrac{f(2)-f(2+3h)}{h}=A$，利用导数表示 A.

4. 求函数曲线 $y=\dfrac{4x^2\sqrt{x}}{\sqrt[3]{x^7}}$ 在 $x=1$ 处的切线及法线方程.

5. 已知函数
$$f(x)=\begin{cases}(a+1)x, & x<0,\\ \ln(b+x), & x\geqslant 0\end{cases}$$
在 $x=0$ 处可导，求 a,b.

导数与微分——导数的概念(提高篇)

一、画出一条函数曲线,使得它在定义域内至少有:
(1) 一个可导点;(2) 一个连续但不可导的点;(3) 一个既不连续也不可导的点.

二、利用导数求值.

1. 如果 $f(x)$ 在点 x_0 处可导,求 $\lim\limits_{x \to x_0} \dfrac{f^2(x)-f^2(x_0)}{x-x_0}$.

2. 设 $\lim\limits_{x \to 0} \dfrac{f(x)}{2x}=B$,且 $f(x)$ 在 $x=0$ 处连续,求 B.

3. 设 $f'(x_0)=-2$,求 $\lim\limits_{h \to 0} \dfrac{f(x_0+3h)-f(x_0-2h)}{h}$.

三、求曲线 $y=\dfrac{x+9}{x+5}$ 在 $x=3$ 对应点处的切线方程与法线方程.

四、设曲线 $f(x)=x^n$ 在点 $(1,1)$ 处的切线与 x 轴的交点为 $(\xi_n,0)$,求 $\lim\limits_{n\to\infty}f(\xi_n)$.

五、讨论函数

$$f(x)=\begin{cases}x^\alpha\sin\dfrac{1}{x},&x>0,\\0,&x\leqslant 0\end{cases}$$

在 $x=0$ 处的连续性和可导性.

学号_____ 姓名_____ 专业_____

导数与微分——求导法则(基础篇)

基础理论

1. 两个可导函数的和、差、积、商依然可导(商的分母要求不为0).即设 $u(x)$ 和 $v(x)$ 在点 x 处可导,则

(1) $(u \pm v)' = $ _____ ； (2) $(u \cdot v)' = $ _____ ；

(3) $\left(\dfrac{u}{v}\right)' = $ _____ ； (4) $\left(\dfrac{1}{v}\right)' = $ _____ ；

(5) $(cu)' = $ _____，其中 c 为常数.

2. 设函数 $y = f(x)$ 在区间 I 内单调连续,且在 x 点导数不为零,则其反函数 $x = \varphi(y)$ 在对应点 y 处也可导,且 $\varphi'(y) = \dfrac{1}{f'(x)}$,即 $\dfrac{dx}{dy} = $ _____.

3. 设 $u = \varphi(x)$ 在点 x 处可导,$y = f(u)$ 在 $u = \varphi(x)$ 处可导,则复合函数 $y = f(\varphi(x)) = (f \circ \varphi)(x)$ 在 x 点处可导,且 $\dfrac{dy}{dx} = f'(u) \cdot $ _____，即 $\dfrac{dy}{dx} = $ _____ $\cdot \dfrac{du}{dx}$.

4. 设 $y = f(u), u = \varphi(v), v = \phi(x)$,则 $\dfrac{dy}{dx} = \dfrac{dy}{du} \cdot $ _____ $\cdot \dfrac{dv}{dx} = $ _____ $\cdot \varphi'(v) \cdot $ _____.

5. 一般地,函数 $y = f(x)$ 的导数 $y' = f'(x)$ 依然是 x 的函数.把 $y' = f'(x)$ 的导数叫作函数 $y = f(x)$ 的二阶导数,记作 y''、_____、_____ 或 $\dfrac{d^2 f}{dx^2}$.相应地,把 $y' = f'(x)$ 称为 $y = f(x)$ 的一阶导数,$y = f(x)$ 称为零阶导数.

6. 二阶导数的导数叫作 $f(x)$ 的三阶导数,三阶导数的导数叫作 $f(x)$ 的四阶导数,……,一般地,$n-1$ 阶导数的导数叫作 $f(x)$ 的 n 阶导数,分别记作 y''',$y^{(4)}$,…,$y^{(n)}$ 或 $\dfrac{d^3 y}{dx^3}$,$\dfrac{d^4 y}{dx^4}$,…,$\dfrac{d^n y}{dx^n}$.二阶及二阶以上的导数统称为_____.

7. 设 $u(x)$ 和 $v(x)$ 在点 x 处 n 阶可导,则

(1) $(u \pm v)^{(n)} = $ _____ ； (2) $(cu)^{(n)} = $ _____，其中 c 为常数.

基础运算

1. 求一阶导数.

(1) $(\tan x)' = $ _____ ； (2) $(\cot x)' = $ _____ ； (3) $(\sec x)' = $ _____ ；

(4) $(\csc x)' = $ _____ ； (5) $(\arcsin x)' = $ _____ ； (6) $(\arccos x)' = $ _____ ；

(7) $(\arctan x)' = $ _____ ； (8) $(\text{arccot}\, x)' = $ _____.

2. 求 n 阶导数.

(1) $(x^m)^{(n)} = $ _____ ； (2) $(e^x)^{(n)} = $ _____ ；

(3) $(a^x)^{(n)} = $ _____ ； (4) $(\ln x)^{(n)} = $ _____ ；

(5) $(\log_a x)^{(n)} = $ _____ ； (6) $(\sin x)^{(n)} = $ _____ ；

(7) $(\cos x)^{(n)} = $ _____.

3. 判断曲线 $y=x^3+2x-5$ 是否存在以斜率为 1 的切线,如果存在,求出切线方程,如果不存在,请说明理由.

4. 假定可导函数 $y=f(x)$ 具有反函数,已知 $f(x)$ 的图形经过点 $(2,3)$,且在这一点的切线斜率为 $-\dfrac{4}{7}$,求反函数 $y=f^{-1}(x)$ 在 $x=3$ 处的导数值.

5. 求函数 $y=\ln^2 x$ 的二阶导数.

导数与微分——求导法则(提高篇)

一、已知 $u(x), v(x)$ 的函数值及它们关于 x 的导数在 $x=0$、$x=1$ 处信息见下表.

x	$u(x)$	$v(x)$	$u'(x)$	$v'(x)$
0	1	1	-4	$\frac{1}{3}$
1	2	-1	$\frac{3}{2}$	$\frac{1}{4}$

计算下列函数在指定点的导数值.

1. $2u - 3v, x = 0$.

2. $\frac{1}{v}, x = 1$.

3. $\frac{v+7}{u+v}, x = 1$.

4. $u^3 v^2, x = 0$.

5. $u \circ v, x = 0$.

6. $v \circ u, x = 0$;

7. $[x^8 - 2u(x)]^{-3}, x = 1$.

二、求下列函数的二阶导数.

1. $y = \dfrac{1+x}{\sqrt{x}}$.

2. $y = (1-\sec x)(1+\sec x)$.

3. $y = x^5 - 4(x^2 + \pi^2)$.

4. $y = x^2 e^{\frac{1}{x}}$.

三、设 $y = f(u)$ 在点 $u = ax+b$ 处 n 阶可导,证明:$[f(ax+b)]^{(n)} = a^n f^{(n)}(ax+b)$,其中 $f^{(n)}(ax+b)$ 表示 $f(u)$ 在点 $u = ax+b$ 处的 n 阶导数,即 $f^{(n)}(ax+b) = f^{(n)}(u)\big|_{u=ax+b}$.

四、写出 $y = \ln(ax+b)$ 的 n 阶导数计算公式,并利用这一公式计算 $y = \ln(2x^2 + x - 6)$ 的 n 阶导数.

导数与微分——隐函数求导(基础篇)

基础理论

1. 如果变量 x 和 y 满足方程 $F(x,y)=0$,在一定条件下,当 x 取某区间内的任一值时,相应地总有满足方程的唯一的 y 值存在,则称方程_____在该区间内确定了一个隐函数 $y=y(x)$.

2. 从方程中把由方程确定的隐函数写成因变量关于自变量的解析式,叫作隐函数的_____.

3. 计算由方程 $F(x,y)=0$ 确定的隐函数 $y=y(x)$ 的导数可以通过以下三步实现:
   第一步,将方程 $F(x,y)=0$ 中的 y 代入 $y(x)$,得到关于 $y(x)$ 的等式;
   第二步,方程两边对 x 求导,得到关于 $y'(x)$ 的等式;
   第三步,从等式中解出_____.(所求导数的表达式通常含有 x 和 y)

4. 在函数 $y=f(x)$ 或方程 $F(x,y)=0$ 的两边取对数,再来计算 y 的导数的方法叫作_____.这种方法通常用于幂指函数的导数的计算.

5. 若参数方程 $\begin{cases} x=\phi(t), \\ y=\psi(t) \end{cases}$ 确定 y 关于 x 的函数关系,则称此函数为由_____所确定的函数.

6. 设 $y=y(x)$ 是由参数方程 $\begin{cases} x=\phi(t), \\ y=\psi(t) \end{cases}$ 所确定的函数,若 $x=\phi(t)$、$y=\psi(t)$ 都可导,且 $\phi'(t)\neq 0$,则
$$\frac{\mathrm{d}y}{\mathrm{d}x}=\frac{\dfrac{\mathrm{d}y}{\mathrm{d}t}}{\phi'(t)}=\underline{\qquad}.$$

基础运算

1. 求下列隐函数的导数.
   (1) $y^2-2xy+9=0$;
   (2) $x\ln y=y+4$.

2. 用对数求导法计算函数 $y=\dfrac{\sqrt{2x+1}(x+5)^3}{\sqrt[3]{(x^2-1)^2}}$ 的导数.

3. 求下列参数方程所确定的函数的导数.

(1) $\begin{cases} x = at^2, \\ y = bt^3; \end{cases}$

(2) $\begin{cases} x = \theta(1-\sin\theta), \\ y = \theta\cos\theta. \end{cases}$

4. 求曲线 $x^2y + y^2x = 12$ 在点 $(3, -4)$ 处的切线方程.

5. 求曲线 $\begin{cases} x = a\cos^3\theta, \\ y = a\sin^3\theta \end{cases}$ 在 $\theta = \dfrac{\pi}{4}$ 对应点处的切线方程.

导数与微分——隐函数求导(提高篇)

一、利用隐函数求导法则,求下列方程所确定的隐函数的导数.

1. $\cos x + \cot y = e^{xy}$,求 $\dfrac{dy}{dx}$.

2. $x^2(x-y)^2 = x^2 - y^2$,求 $\dfrac{dy}{dx}$.

二、在曲线 $y = 2\sin(\pi x - y)$ 上作下列运算.
  (1) 确定点 $(1, 0)$ 在曲线上;
  (2) 求曲线在该点处的切线方程及法线方程.

三、求下列由参数方程确定的函数的导数 $\dfrac{dy}{dx}$.

1. $\begin{cases} x = \sec t, \\ y = \tan t. \end{cases}$ 2. $\begin{cases} x = t^3 - 2t + 5, \\ y = t + t^2 - 2. \end{cases}$

四、用对数求导法计算下列函数的导数.

1. $y = \dfrac{\sqrt[3]{7+x}\,(2x+1)^4}{\sqrt[5]{(x^2-1)^2}}$.

2. $y = \left(\dfrac{1-x}{1+x}\right)^{\sin x}$.

***五、**计算由方程 $F(x,y)=0$ 确定的隐函数 $y=y(x)$ 的二阶导数可以通过以下五步实现:第一步,将方程 $F(x,y)=0$ 中的 y 代入 $y(x)$,得到关于 $y(x)$ 的等式;第二步,方程两边对 x 求导,得到关于 $y'(x)$ 的等式;第三步,从等式中解出 $y'(x)$;第四步,在第二步所得等式两边再对 x 求导,得到关于 $y''(x)$ 的等式;第五步,从等式中解出 $y''(x)$.用此方法计算由方程 $3x^2-2y^3=16-xy$ 确定的隐函数 $y=f(x)$ 的二阶导数 $\dfrac{\mathrm{d}^2 y}{\mathrm{d}x^2}\bigg|_{x=0}$.

六、设 $y=y(x)$ 是由参数方程 $\begin{cases} x=\phi(t), \\ y=\psi(t) \end{cases}$ 所确定的函数,$\dfrac{\mathrm{d}y}{\mathrm{d}x}=\dfrac{\psi'(t)}{\phi'(t)}$ 记作 $\dfrac{\mathrm{d}y}{\mathrm{d}x}=H(t)$,构造新参数方程 $\begin{cases} x=\phi(t), \\ \dfrac{\mathrm{d}y}{\mathrm{d}x}=H(t), \end{cases}$ 可以证明 $\dfrac{\mathrm{d}^2 y}{\mathrm{d}x^2}=\dfrac{H'(t)}{\phi'(t)}$.用此方法计算由参数方程 $\begin{cases} x=\ln(1+t^2), \\ y=t-\arctan t \end{cases}$ 确定的函数的二阶导数 $\dfrac{\mathrm{d}^2 y}{\mathrm{d}x^2}$.

导数与微分——微分（基础篇）

1. 设函数 $y=f(x)$ 在点 x_0 的某邻域内有定义，如果 $y=f(x)$ 在点 x_0 处的增量 $\Delta y=f(x_0+\Delta x)-f(x_0)$ 可表示为 $\Delta y=A\Delta x+o(\Delta x)$，这里 A 是与 Δx 无关的常数，$o(\Delta x)$ 是 Δx 的高阶无穷小，则称 $f(x)$ 在点 x_0 处可微，称 Δx 的线性函数 $A\Delta x$ 为函数 $f(x)$ 在 x_0 关于 Δx 的_____，记为 $\mathrm{d}y$ 或 $\mathrm{d}f$，即 $\mathrm{d}y=A\Delta x$. 当 $|\Delta x|$ 很小时，$\Delta y \approx$_____.

2. 函数 $y=f(x)$ 在点 x_0 处可微的充分必要条件是 $f(x)$ 在点 x_0 处可导，且 $\mathrm{d}y=$_____.

1. 填写基本初等函数的微分公式.
   (1) $\mathrm{d}(C)=$_____；
   (2) $\mathrm{d}(x^\mu)=$_____；
   (3) $\mathrm{d}(\sin x)=$_____；
   (4) $\mathrm{d}(\cos x)=$_____；
   (5) $\mathrm{d}(\tan x)=$_____；
   (6) $\mathrm{d}(\cot x)=$_____；
   (7) $\mathrm{d}(\sec x)=$_____；
   (8) $\mathrm{d}(\csc x)=$_____；
   (9) $\mathrm{d}(a^x)=$_____；
   (10) $\mathrm{d}(\mathrm{e}^x)=$_____；
   (11) $\mathrm{d}(\log_a x)=$_____；
   (12) $\mathrm{d}(\ln x)=$_____；
   (13) $\mathrm{d}(\arcsin x)=$_____；
   (14) $\mathrm{d}(\arccos x)=$_____；
   (15) $\mathrm{d}(\arctan x)=$_____；
   (16) $\mathrm{d}(\mathrm{arccot}\, x)=$_____.

2. 填写微分的运算规则.
   (1) $\mathrm{d}(u\pm v)=$_____；
   (2) $\mathrm{d}(uv)=$_____；
   (3) $\mathrm{d}(cu)=$_____（c 为常数）；
   (4) $\mathrm{d}\left(\dfrac{u}{v}\right)=$_____（$v\neq 0$）；
   (5) $\mathrm{d}f(g(x))=$_____ $\mathrm{d}u=f'(u)$_____ $\mathrm{d}x$.

3. 设自变量 x 的值从 $x=1$ 变化到 $x=1.01$，试求函数 $y=2x^2-x$ 相应的函数增量 Δy 及微分 $\mathrm{d}y$ 并计算 $\Delta y-\mathrm{d}y$.

4. 求下列函数的微分.
   (1) $y=\dfrac{1}{x}+2\sqrt{x}$；
   (2) $y=x\sin 2x$；

(3) $y=\dfrac{x}{\sqrt{x^2+1}}$; (4) $y=[\ln(1-x)]^2$.

5. 试用微分计算 $\ln 1.01$ 的近似值.

导数与微分——微分(提高篇)

一、设 $f(x)$ 在点 x_0 处可微,且 $f'(x_0) \neq 0$,则当 $|\Delta x|$ 很小时 $f(x_0+\Delta x) \approx ($ $)$.

    A. $f(x_0)$ B. $f'(x_0)\Delta x$

    C. $f'(x_0+\Delta x)\Delta x$ D. $f(x_0)+f'(x_0)\Delta x$

二、求下列函数的微分 dy.

1. $y = \sec e^{x^2}$.

2. $y = \dfrac{x}{1+x} + \sqrt{1+c^2}$.

3. $y = e^{-x}\cos x$.

4. $y = (1+x)^{x^3}$.

5. $y = \ln(x+\sqrt{x^2+1})$.

6. $y = \ln(1+e^{x^2})$.

三、设 $y = f(x)$ 是由方程 $xy^2 - 4x^{\frac{3}{2}} = y$ 确定的隐函数,求 dy.

四、填写合适的函数，使等式成立．

(1) d_____ $=2^3 dx$； (2) d_____ $=5x\,dx$；

(3) d_____ $=\csc^2 x\,dx$； (4) d_____ $=-\dfrac{dx}{1+x^2}$；

(5) d_____ $=\cos 3x\,dx$； (6) d_____ $=\dfrac{dx}{2+x}$；

(7) d_____ $=e^{-2x}\,dx$； (8) d_____ $=\dfrac{dx}{\sqrt[3]{x^2}}$；

(9) d_____ $=xe^{x^2}\,dx$； *(10) d_____ $=\sec^2(x+1)\,dx$．

五、设平面上有函数曲线 $y=3x\sin 2x$，

(1) 证明：曲线上任一点附近处都有一条过该点的直线与曲线无限逼近，即当 Δx 是很小的量时，$f(x)\approx kx+b$；

(2) 求在 $x=\dfrac{\pi}{4}$ 的对应点处满足结论(1)的直线．

六、设 $f(u)$ 为二阶可导函数，若 $y=x^2 f\left(\dfrac{1}{x}\right)$，求 dy 及 $\dfrac{d^2 y}{dx^2}$．

导数与微分——偏导数与全微分(基础篇)

 **基础理论**

1. 设函数 $z=f(x,y)$ 在点 (x_0,y_0) 的某一邻域内有定义,当 y 固定在 y_0 而 x 在点 x_0 处有增量 Δx 时,相应的函数有增量 $f(x_0+\Delta x,y_0)-f(x_0,y_0)$,如果 $\lim\limits_{\Delta x\to 0}\dfrac{f(x_0+\Delta x,y_0)-f(x_0,y_0)}{\Delta x}$ 存在,则称此极限为函数 $f(x,y)$ 在点 (x_0,y_0) 处对 x 的_____,记作 $\dfrac{\partial z}{\partial x}\bigg|_{\substack{x=x_0\\y=y_0}}$,$\dfrac{\partial f}{\partial x}\bigg|_{(x_0,y_0)}$,$z_x(x_0,y_0)$ 或 $f_x(x_0,y_0)$.

2. 函数 $f(x,y)$ 在点 (x_0,y_0) 处对 y 的偏导数定义为 $\lim\limits_{\Delta y\to 0}\dfrac{}{\Delta y}$.

3. 如果函数 $f(x,y)$ 在区域 D 内任一点 (x,y) 处对 x 的偏导数都存在,则这个偏导数就是 x、y 的函数,称为函数 $f(x,y)$ 对 x 的_____,记作 $\dfrac{\partial z}{\partial x}$,$\dfrac{\partial f}{\partial x}$,$z_x$ 或 $f_x(x,y)$.

4. 设 $M_0(x_0,y_0,f(x_0,y_0))$ 为曲面 $z=f(x,y)$ 上一点,偏导数 $f_x(x_0,y_0)$ 就是曲面被平面 $y=y_0$ 所截得的曲线在点 M_0 处的切线对 x 轴的_____. 偏导数 $f_y(x_0,y_0)$ 就是曲面被平面_____所截得的曲线在点 M_0 处的切线对 y 轴的斜率.

5. 设函数 $f(x,y)$ 在区域 D 内具有偏导数 $\dfrac{\partial z}{\partial x}=f_x(x,y)$,$\dfrac{\partial z}{\partial y}=f_y(x,y)$,如果这两个函数的偏导数也存在,则称它们是函数 $f(x,y)$ 的二阶偏导数. 按照对变量求导次序的不同,共有下列四个二阶偏导数:

    (1) $\dfrac{\partial}{\partial x}\left(\dfrac{\partial z}{\partial x}\right)=\dfrac{\partial^2 z}{\partial x^2}=f_{xx}(x,y)$;　　(2) $\dfrac{\partial}{\partial y}\left(\dfrac{\partial z}{\partial x}\right)=\dfrac{\partial^2 z}{\partial x\partial y}=f_{xy}(x,y)$;

    (3) $\dfrac{\partial}{\partial x}\left(\dfrac{\partial z}{\partial y}\right)=\dfrac{\partial^2 z}{\partial y\partial x}=f_{yx}(x,y)$;　　(4) $\dfrac{\partial}{\partial y}\left(\dfrac{\partial z}{\partial y}\right)=\dfrac{\partial^2 z}{\partial y^2}=f_{yy}(x,y)$.

    其中_____、_____称为二阶纯偏导数,_____、_____称为二阶混合偏导数.

6. 二阶及二阶以上的偏导数统称为_____.

7. 如果函数 $f(x,y)$ 的二阶混合偏导数 $\dfrac{\partial^2 z}{\partial x\partial y}$、$\dfrac{\partial^2 z}{\partial y\partial x}$ 在区域 D 内_____,则在该区域内有 $\dfrac{\partial^2 z}{\partial x\partial y}=\dfrac{\partial^2 z}{\partial y\partial x}$.

8. 设函数 $z=f(x,y)$ 在点 (x,y) 的某邻域内有定义,如果函数在点 (x,y) 处的全增量 $\Delta z=f(x+\Delta x,y+\Delta y)-f(x,y)$ 可表示为 $\Delta z=A\Delta x+B\Delta y+o(\rho)$,其中 A 和 B 不依赖于 Δx 和 Δy 而仅与 x 和 y 有关,$\rho=\sqrt{(\Delta x)^2+(\Delta y)^2}$,则称函数 $f(x,y)$ 在点 (x,y) 处可微分,$A\Delta x+B\Delta y$ 称为函数 $f(x,y)$ 在点 (x,y) 关于 Δx、Δy 的_____,记作 $\mathrm{d}z$,即 $\mathrm{d}z=A\Delta x+B\Delta y$.

9. 如果函数 $z=f(x,y)$ 在点 (x,y) 处可微,则该函数在点 (x,y) 处_____连续.(填写"一定""不一定"或"一定不")

10. 如果函数 $z=f(x,y)$ 在点 (x,y) 处可微分,则该函数在点 (x,y) 处的偏导数 $\dfrac{\partial z}{\partial x}$ 和 $\dfrac{\partial z}{\partial y}$ 必定存在,且函数 $f(x,y)$ 在点 (x,y) 处的全微分为 $\mathrm{d}z=$_____.

11. 如果 $z=f(x,y)$ 的偏导数 $\dfrac{\partial z}{\partial x}$ 和 $\dfrac{\partial z}{\partial y}$ 在点 (x,y) 处连续,则 $f(x,y)$ 在点 (x,y) 处_____.

 基础运算

1. 函数 $z=f(x,y)$ 在点 (x,y) 处存在偏导数是 $f(x,y)$ 在点 (x,y) 处连续的( ).
   A. 充分非必要条件　　　　　　　　B. 必要非充分条件
   C. 充分必要条件　　　　　　　　　D. 既非充分又非必要条件

2. 函数 $z=f(x,y)$ 在点 (x,y) 处存在偏导数是 $f(x,y)$ 在点 (x,y) 处可微的( ).
   A. 充分非必要条件　　　　　　　　B. 必要非充分条件
   C. 充分必要条件　　　　　　　　　D. 既非充分又非必要条件

3. 函数 $z=f(x,y)$ 的偏导数 $\dfrac{\partial z}{\partial x}$ 和 $\dfrac{\partial z}{\partial y}$ 在点 (x,y) 处连续是 $f(x,y)$ 在点 (x,y) 处连续的( ).
   A. 充分非必要条件　　　　　　　　B. 必要非充分条件
   C. 充分必要条件　　　　　　　　　D. 既非充分又非必要条件

学号_____ 姓名_____ 专业_____

导数与微分——偏导数与全微分（提高篇）

一、求下列二元函数的两个偏导数.

1. $f(x,y)=\cos^2(3x-y^2)$ 的两个偏导数.

2. $f(x,y)=e^{xy}\ln y$ 在点 $(1,1)$ 处的两个偏导数.

二、求下列三元函数的三个偏导数.

1. $f(x,y,z)=x-\sqrt{y^2-z^3}$.

2. $f(x,y,z)=\ln(x+2y-3z)$.

3. $f(x,y,z)=yz\ln(xy)$.

4. $f(x,y,z)=\sec(x+yz)$.

三、设 $w=x\sin y+y\sin x+xy$，证明：$w_{xy}=w_{yx}$.

四、 设 $f(x,y,z)=2z^3-3(x^2+y^2)z$，计算 $\dfrac{\partial^2 f}{\partial x^2}+\dfrac{\partial^2 f}{\partial y^2}+\dfrac{\partial^2 f}{\partial z^2}$．

五、求下列函数的全微分．

1. 设 $z=\sqrt{x^2-y^3}$，求此二元函数在点 $(3,2)$ 处的全微分 $\mathrm{d}z\big|_{(3,2)}$．

2. 设 $f(x,y,z)=xy+2yz-3zx$，求此三元函数在点 $(1,1,0)$ 处的全微分 $\mathrm{d}f\big|_{(1,1,0)}$．

六、 设 $f(x,y)=\begin{cases}\dfrac{x^3y}{x^4+y^4} & x^2+y^2\neq 0 \\ 0 & x^2+y^2=0\end{cases}$，讨论：

(1) $f(x,y)$ 在原点处是否连续；

(2) $f(x,y)$ 在原点处偏导数是否存在；

(3) $f(x,y)$ 在原点处是否可微．

导数与微分——测验卷

一、填空选择题.

1. 设 $f(x)$ 在点 x_0 处可导,在下列结论后填写字母,"T"表示正确,或"F"表示错误.

   (1) $\lim\limits_{x \to x_0} \dfrac{f(x)-f(x_0)}{x-x_0}$ 一定存在 _____;

   (2) $\lim\limits_{x \to x_0} f(x)=0$ _____;

   (3) $\lim\limits_{x \to x_0} f(x)=f(x_0)$ _____;

   (4) $\lim\limits_{h \to 0^-} \dfrac{f(x_0)-f(x_0-h)}{h}$ 一定存在 _____.

2. 设 $f(x)=\begin{cases} x(\mathrm{e}^{-x}-1), & x \neq 0, \\ 0, & x=0, \end{cases}$ 则 $f(x)$ 在点 $x=0$ 处( ).

   A. 无定义   B. 不连续
   C. 连续不可导   D. 连续且可导

3. 函数 $f(x)$ 在点 $x=1$ 处可导,且 $f'(1)=-\dfrac{1}{4}$,则 $\lim\limits_{\Delta x \to 0} \dfrac{f(1+2\Delta x)-f(1)}{\Delta x}=$ _____.

4. 设 $f(x)$ 在点 $x=-3$ 处连续,且 $\lim\limits_{x \to -3} \dfrac{2f(x)}{x+3}=5$,则 $f(-3)=$ _____,$f'(-3)=$ _____.

5. 若函数 $z=f(x,y)$ 在点 $P_0(x_0,y_0)$ 处两个偏导数都存在,则 $f(x,y)$ 在点 P_0 处( ).

   A. 连续   B. 一定不连续
   C. 可微   D. 不一定可微

6. 已知 $y=x^3$ 与 $y=k\ln x\,(k \neq 0)$ 相切,则 $k=$ _____.

7. 若 $f'(x_0)=3$,则当 $x \to x_0$ 时,函数 $y=f(x)$ 在点 $x=x_0$ 处的微分是( ).

   A. 与 Δx 等价的无穷小   B. 与 Δx 同阶非等价的无穷小
   C. 比 Δx 低阶的无穷小   D. 比 Δx 高阶的无穷小

8. 设函数 $f(x)$ 具有任意阶导数,且 $f'(x)=f^2(x)$,则 $f(x)$ 的 n 阶导数 $f^{(n)}(x)=$( ).

   A. $n!\,[f(x)]^{n+1}$ B. $n[f(x)]^{n+1}$
   C. $[f(x)]^{2n}$ D. $n!\,[f(x)]^{2n}$

二、设函数 $y=f(x)$ 由方程 $\mathrm{e}^{2x+y}-\cos(xy)=\mathrm{e}-1$ 所确定,求曲线 $y=f(x)$ 在点 $(0,1)$ 处的法线方程.

三、设 $u=\ln\sqrt{(x-2)^2+(y+3)^2}$,求 $\dfrac{\partial^2 u}{\partial x^2}+\dfrac{\partial^2 u}{\partial y^2}$.

四、求函数 $z=x^2y+y^2-e^{x-2y}$ 在点 $(2,1)$ 处的全微分 dz.

五、已知 $\begin{cases}x=\ln(1+t^2),\\ y=\arctan t,\end{cases}$ 求 $\dfrac{d^3 y}{dx^3}\bigg|_{t=1}$.

六、设 $f(x) = \lim\limits_{t \to \infty} x\left(\dfrac{t+x}{t-x}\right)^t$,求 $f'''(x)$.

七、求函数 $u = e^{z+\frac{x}{y}}$ 的全微分 du.

八、已知 $u_x=3x^2y+xe^x$，$u_y=x^3+y\sin y$，且 $u(0,0)=-1$，求 $u(x,y)$.

九、讨论 $f(x,y)=\begin{cases}\dfrac{y(x-y)}{x+y}, & (x,y)\neq(0,0)\\ 0, & (x,y)=(0,0)\end{cases}$ 在原点处的连续性、偏导存在性及可微性.

导数的应用——*微分中值定理(基础篇)

基础理论

1. 设函数 $f(x)$ 在点 x_0 的某邻域内有定义,若对于邻域中任一点 x 都有 $f(x) \leqslant f(x_0)$(或 $f(x) \geqslant f(x_0)$),且 $f(x)$ 在点 x_0 处可导,则必有_____.(此结论称为费马引理)
2. 导数为零的点称为函数的_____.
3. 若函数 $f(x)$ 满足下列条件:(1)在闭区间 $[a,b]$ 上_____;(2)在开区间 (a,b) 上_____;(3)$f(b)=f(a)$,则一定存在一点 $\xi \in (a,b)$,使得_____.(此结论称为罗尔中值定理)
4. 若函数 $f(x)$ 满足下列条件:(1)在闭区间 $[a,b]$ 上_____;(2)在开区间 (a,b) 上_____,则在区间 (a,b) 内存在一点 ξ,满足 $f(b)-f(a)=$_____.(此结论称为拉格朗日中值定理)
5. 设函数 $f(x)$ 在区间 I 上可导,且 $f'(x)=0$,则 $f(x)$ 在此区间是_____函数.
6. 若函数 $f(x)$、$F(x)$ 满足下列条件:(1)在闭区间 $[a,b]$ 上_____;(2)在开区间 (a,b) 上_____;(3)对于任意 $x \in (a,b)$,$F'(x) \neq 0$,则在区间 (a,b) 内一定存在一点 ξ,使得 $\dfrac{f(b)-f(a)}{F(b)-F(a)}=$_____.(此结论称为柯西中值定理)

基础运算

1. 验证罗尔定理对函数 $y=\sin^2 x$ 在区间 $[0,\pi]$ 上的正确性.

2. 验证拉格朗日定理对函数 $y=\arctan x$ 在区间 $[0,1]$ 上的正确性.

3. 验证柯西定理对函数 $f(x)=x^3+1$,$g(x)=x^2$ 在区间 $[1,2]$ 上的正确性.

4. 若两条光滑的曲线在 $a \leqslant x \leqslant b$ 上各点切线的斜率都相等,则当两条曲线有一点相交时,两条曲线在 $[a,b]$ 一定重合,为什么?

5. 一个质点在直线上运动,如果在时刻 $t=a$ 与 $t=b(a<b)$ 质点位于同一个位置,那么该质点一定在时间段 (a,b) 内的某一时刻速度为零,为什么?

学号_____ 姓名_____ 专业_____

导数的应用——*微分中值定理（提高篇）

一、 分析函数 $f(x)=x^{\frac{2}{3}}\cos x$ 在 $[-1,1]$ 上不满足罗尔中值定理条件的原因.

二、 设 $f(x)$ 二阶可导，若对于 $a<x_1<x_2<x_3<b$ 有 $f(x_1)=f(x_2)=f(x_3)$，证明：存在 $\xi\in(a,b)$ 使得 $f''(\xi)=0$.

三、 设 $f(x)=(x-1)(x+2)(x-3)(x+4)$，利用罗尔中值定理，分析方程 $f'(x)=0$ 的实根个数及实根所在的区间范围.

四、 设 $f'(x)$ 在 $[0,1]$ 上单调递减,利用拉格朗日中值定理讨论 $f'(0)$、$f'(1)$ 及 $f(1)-f(0)$ 的大小顺序.

五、 应用拉格朗日中值定理证明不等式 $|\cos x - \cos y| \leqslant |x-y|$.

***六、**证明:当 $x>0$ 时,$0 < x - \arctan x < \dfrac{x^3}{1+x^2}$.

学号_____ 姓名_____ 专业_____

导数的应用——洛必达法则(基础篇)

基础理论

1. 如果当 $x \to a$（或 $x \to \infty$）时，函数 $f(x)$、$g(x)$ 都趋于_____，则极限 $\lim\limits_{x \to a}\dfrac{f(x)}{g(x)}$（或 $\lim\limits_{x \to \infty}\dfrac{f(x)}{g(x)}$）称为 $\dfrac{0}{0}$ 型未定式.

2. 如果当 $x \to a$（或 $x \to \infty$）时，函数 $f(x)$、$g(x)$ 都趋于_____，则极限 $\lim\limits_{x \to a}\dfrac{f(x)}{g(x)}$（或 $\lim\limits_{x \to \infty}\dfrac{f(x)}{g(x)}$）称为 $\dfrac{\infty}{\infty}$ 型未定式.

3. 如果函数 $f(x)$ 与 $g(x)$ 满足：(1) 当 $x \to a$ 时，函数 $f(x)$、$g(x)$ 都趋于零；(2) 在点 a 的某邻域（不包括 a 点）$f(x)$、$g(x)$ 可导，且 $g'(x) \neq 0$；(3) 极限 $\lim\limits_{x \to a}\dfrac{f'(x)}{g'(x)}$ 存在（或为无穷大），则有 $\lim\limits_{x \to a}\dfrac{f(x)}{g(x)} = $ _____. （此结论为 $\dfrac{0}{0}$ 型未定式的洛必达法则）

4. 如果函数 $f(x)$ 与 $g(x)$ 满足：(1) 当 $x \to a$ 时，函数 $f(x)$、$g(x)$ 都趋于_____；(2) 在点 a 的某邻域（不包括 a 点）$f(x)$、$g(x)$ 可导，且 $g'(x) \neq 0$；(3) 极限 $\lim\limits_{x \to a}\dfrac{f'(x)}{g'(x)}$ 存在（或为无穷大），则有 $\lim\limits_{x \to a}\dfrac{f(x)}{g(x)} = $ _____. （此结论为 $\dfrac{\infty}{\infty}$ 型未定式洛必达法则）

基础运算

1. 根据无穷小的比较相关定义，可以类似定义无穷大的比较的概念.
   设 α, β 是同一自变量变化过程中的无穷大，
   (1) 如果 $\lim\dfrac{\beta}{\alpha} = 0$，则称 β 是比 α _____ 的无穷大；
   (2) 如果 $\lim\dfrac{\beta}{\alpha} = \infty$，则称 β 是比 α _____ 的无穷大；
   (3) 如果 $\lim\dfrac{\beta}{\alpha} = C \neq 0$，则称 β 与 α 是_____无穷大.

2. (1) $\lim\limits_{x \to +\infty}\dfrac{\ln x}{x^n} = $ _____ $(n > 0)$，说明当 $x \to +\infty$ 时 x^n 是 $\ln x$ 的_____无穷大.（填"高阶""低阶"或"同阶"）
   (2) $\lim\limits_{x \to +\infty}\dfrac{x^n}{e^{\lambda x}} = $ _____ $(n > 0, \lambda > 0)$，说明当 $x \to +\infty$ 时 x^n 是 $e^{\lambda x}$ 的_____无穷大.（填"高阶""低阶"或"同阶"）

3. 计算下列极限.
   (1) $\lim\limits_{x \to 1}\dfrac{x^5 - 1}{x^3 - 1}$；
   (2) $\lim\limits_{x \to 0}\dfrac{x - \sin x}{x^3}$；

(3) $\lim\limits_{x \to +\infty} \dfrac{x+2}{\ln^2 x}$;

(4) $\lim\limits_{x \to +\infty} \dfrac{(2x+1)^3}{x^3+1}$;

(5) $\lim\limits_{x \to 2} \left(\dfrac{4}{x^2-4} - \dfrac{1}{x-2} \right)$;

(6) $\lim\limits_{x \to 0^+} \sqrt{x} \cdot \ln x$.

导数的应用——洛必达法则(提高篇)

一、检查以下求极限的过程,如果有错误,指出并修正.

1. $\lim\limits_{x\to-\infty}\dfrac{\sqrt{x^2+\sin x}}{x+1}=\lim\limits_{x\to-\infty}\dfrac{2x+\cos x}{2\sqrt{x^2+\sin x}}$,因为 $\lim\limits_{x\to-\infty}\cos x$ 不存在,所以原极限不存在.

2. $\lim\limits_{x\to\infty}\left(x\tan\dfrac{1}{x}\right)^{x^2}=\lim\limits_{x\to\infty}\left(x\cdot\dfrac{1}{x}\right)^{x^2}=\lim\limits_{x\to\infty}1^{x^2}=\lim\limits_{x\to\infty}1=1.$

3. $\lim\limits_{x\to 0}\dfrac{\sin x+x^2\sin\dfrac{1}{x}}{(1+\cos x)\ln(1+x)}=\lim\limits_{x\to 0}\dfrac{\sin x+x^2\sin\dfrac{1}{x}}{x\cdot(1+\cos x)}=\lim\limits_{x\to 0}\dfrac{\cos x+2x\sin\dfrac{1}{x}-\cos\dfrac{1}{x}}{1+\cos x-x\sin x}$,所以原极限不存在.

二、已知 $x\to 0$ 时函数 $f(x)=x-\sin x$ 是 x 的 k 阶无穷小,求 k.

三、计算下列极限.

1. $\lim\limits_{x \to 1} \dfrac{\ln \cos(x-1)}{1 - \sin \dfrac{\pi}{2} x}$.

2. $\lim\limits_{x \to 0^+} \left(\dfrac{1}{\sqrt{x}} \right)^{\tan x}$.

3. $\lim\limits_{x \to 0} \dfrac{\sin x - x \cos x}{\sin^3 x}$.

4. $\lim\limits_{x \to 0^+} x^{\frac{x}{1+\ln x}}$.

四、已知 $\lim\limits_{x \to 0} \dfrac{\ln(1-2x+3x^2) + ax + bx^2}{x^2} = 4$，求 a、b 的值.

导数的应用——函数的单调性（基础篇）

如果函数 $y=f(x)$ 在区间 $[a,b]$ 上连续，在 (a,b) 内可导，那么
(1) 若在 (a,b) 内 _____，则函数 $f(x)$ 在 $[a,b]$ 上单调增加；
(2) 若在 (a,b) 内 _____，则函数 $f(x)$ 在 $[a,b]$ 上单调减少.

1. 已知导函数 $f'(x)$，讨论 $f(x)$ 的单调性.
   (1) $f'(x)=-2x+5$； (2) $f'(x)=3x(x+1)$；

   (3) $f'(x)=2(x+1)^2(x-1)(x+3)^3$.

2. 求下列函数的单调区间.
   (1) $y=\dfrac{1}{3}x^3+x^2-15x+3$； (2) $y=8x-x^3-x^2+45$；

   (3) $y=\sqrt{2x+1}$； (4) $y=x-\ln x$.

3. 假设 $y=f(x)$ 是定义在实数范围内的可微函数,$f'(1)=0$,且图象经过点$(1,1)$、$(2,-1)$,请根据下列条件画出符合条件的函数草图.

(1) 当 $x<1$ 时,$f'(x)>0$;当 $x>1$ 时,$f'(x)<0$;

(2) 当 $x<1$ 时,$f'(x)>0$;当 $1<x<2$ 时,$f'(x)<0$;当 $x>2$ 时,$f'(x)>0$;

(3) 讨论在条件(2)情形下,$y=f(x)$ 的零点个数.

导数的应用——函数的单调性（提高篇）

一、设 $f(x)$ 在 $(-\infty,+\infty)$ 内可导，且对任意 x_1,x_2，当 $x_1>x_2$ 时，都有 $f(x_1)>f(x_2)$，则(　　).
  A. 对任意的 x，$f'(x)>0$ B. 对任意的 x，$f'(-x)\leqslant 0$
  C. 函数 $f(-x)$ 单调增加   D. 函数 $-f(-x)$ 单调增加

二、已知 $f(x)$ 的导数 $f'(x)$，求 $f(x)$ 的单调区间.

1. $f'(x)=x^{-\frac{1}{3}}(x+2)$.

2. $f'(x)=(x-3)\mathrm{e}^{-x}$.

三、求下列函数的单调区间.

1. $f(x)=x^4-8x^2+7$.

2. $f(x)=\dfrac{x^3}{3x^2-1}$.

3. $f(x)=\mathrm{e}^x+\mathrm{e}^{-x}$.

4. $f(x)=x^2\ln x$.

四、 讨论函数 $y=\sqrt[3]{(2x-3)(3-x)^2}$ 的单调性.

五、 证明:当 $x>0$ 时,有不等式 $\arctan x+\dfrac{1}{x}>\dfrac{\pi}{2}$.

六、 设 $x\in(0,1)$,证明: $(1+x)\ln^2(1+x)<x^2$.

七、 在区间 $(-\infty,+\infty)$ 内讨论方程 $|x|^{\frac{1}{4}}+|x|^{\frac{1}{2}}-\cos x=0$ 的实根个数.

导数的应用——极值与最值（基础篇）

基础理论

1. 设函数 $f(x)$ 在点 x_0 的某邻域内有定义，如果对于该邻域内任意点 $x \neq x_0$，有 $f(x) < f(x_0)$（或 $f(x) > f(x_0)$），则称 $f(x_0)$ 是函数 $f(x)$ 的一个_____（或_____），称点 x_0 是函数 $f(x)$ 的_____（或_____）.

2. 函数的极大值与极小值统称为函数的_____，使函数取得极值的点统称为函数的_____.

3. 设函数 $f(x)$ 在点 x_0 的某邻域内有定义，若对于邻域中任一点 x 都有 $f(x) \leqslant f(x_0)$（或 $f(x) \geqslant f(x_0)$），且 $f(x)$ 在点 x_0 处可导，则必有_____.

4. 设函数 $f(x)$ 在点 x_0 的某邻域连续，并在此邻域（除点 x_0 以外）内可导，则在此邻域
   (1) 若当 $x < x_0$ 时，$f'(x) < 0$；当 $x > x_0$ 时，$f'(x) > 0$，则 $f(x)$ 在点 x_0 取得_____；
   (2) 若当 $x < x_0$ 时，$f'(x) > 0$；当 $x > x_0$ 时，$f'(x) < 0$，则 $f(x)$ 在点 x_0 取得_____.

5. 设函数 $f(x)$ 在点 x_0 的某邻域内具有一阶连续导数，在 $x = x_0$ 处二阶可导，并且 $f'(x_0) = 0$，$f''(x_0) \neq 0$. 则：(1) 当 $f''(x_0) > 0$ 时，函数 $f(x)$ 在 x_0 点处取得_____；(2) 当 $f''(x_0) < 0$ 时，函数 $f(x)$ 在 x_0 点处取得_____.

基础运算

1. 求下列函数的极值.
   (1) $f(x) = x - \ln(1+x)$；

   (2) $f(x) = 2x^3 + 3x^2 - 12x + 1$；

   (3) $f(x) = e^x(x^2 - x - 11)$；

   (4) $f(x) = \dfrac{1}{x^2+1}$.

2. 求函数 $f(x)=4x^3+3x^2-36x+1$，$x\in[-1,2]$ 的最大值与最小值.

3. 某地区防空洞的截面建成矩形加半圆. 截面的面积为 5 m². 问底宽 x 为多少时才能使截面的周长最小，从而使建造时所用的材料最省？

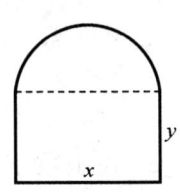

4. 已知某厂生产 x 千件产品的成本为 $c(x)=x^3-6x^2+15x$（元），所获得的收益 $r(x)=9x$，求利润最大时应生产的产量.

导数的应用——极值与最值(提高篇)

一、填空题.

1. 函数 $y = x \cdot 2^x$ 的极小值点为_____.

2. 若函数 $f(x)$ 和 $g(x)$ 都在 $x = a$ 处取得极大值,则 $F(x) = f(x) \cdot g(x)$ 在 $x = a$ 处一定取得极大值,此结论_____.(填写"正确"或"错误")

二、求下列函数的极值.

1. $f(x) = x^{\frac{2}{3}}(x^2 - 9)$.

2. $f(x) = \dfrac{(x^2 - 3)}{x - 1}$.

3. $f(x) = e^{2x} + e^{-x}$.

4. $f(x) = x^2 \ln x$.

三、讨论下列函数在指定区间上的最值.

1. $f(x) = e^x - 2x, 0 \leq x \leq 1$.

2. $f(x) = -2\cos x - \cos^2 x, -\pi \leq x \leq \pi$.

3. $f(x) = x^3 + 3x^2 - 24x + 19, x \leq 0$.

四、讨论方程 $\ln x = kx$ 的实根个数.

学号_____ 姓名_____ 专业_____

导数的应用——函数的凹凸性（基础篇）

1. 设函数 $f(x)$ 在区间 I 上连续，如果在区间 I 上任意取不同的两点 x_1，x_2 总有 $f\left(\dfrac{x_1+x_2}{2}\right) < \dfrac{f(x_1)+f(x_2)}{2}$，则称 $f(x)$ 在区间 I 上的图象是（向上）_____；而如果有 $f\left(\dfrac{x_1+x_2}{2}\right) > \dfrac{f(x_1)+f(x_2)}{2}$，则称 $f(x)$ 在区间 I 上的图象是（向上）_____.

2. 设函数 $f(x)$ 在区间 $[a,b]$ 上二阶可导，则：(1) 若在 (a,b) 内_____，则曲线 $y=f(x)$ 在 $[a,b]$ 上是凹的；(2) 若在 (a,b) 内_____，则曲线 $y=f(x)$ 在 $[a,b]$ 上是凸的.

3. 曲线 $y=f(x)$ 凹凸性的分界点 $(x_0, f(x_0))$ 被称为曲线的_____.

4. 数学上，用_____表示函数曲线的弯曲程度.

5. 若 $y=y(x)$ 二阶可导，则曲线 $y=y(x)$ 在点 $(x, y(x))$ 处的曲率 $K=$_____.

6. 半径为 r 的圆在任一点处的曲率为 $K=$_____.

7. 直线在任一点处的曲率为 $K=$_____.

8. 设曲线 $y=f(x)$ 在点 $M(x,y)$ 处的曲率为 K，若 $K \neq 0$，在曲线过点 M 处的法线上凹的一侧取一点 D，使得 $|DM|=\dfrac{1}{K}=\rho$. 以 D 为圆心，ρ 为半径作圆，这个圆称为曲线 $y=f(x)$ 在点 M 处的_____，圆心称为点 M 处的_____，半径称为点 M 处的_____.

1. 利用曲率计算公式讨论抛物线 $y=ax^2+bx+c$ 上哪一点的曲率最大.

2. 求下列曲线的凹凸区间与拐点.
   (1) $y=5x^4+3x^2-7x+1$；

(2) $y=(x+1)\mathrm{e}^x$.

3. 求曲线 $y=\sin x+\cos x$ 在 $[0,2\pi]$ 上的拐点.

4. 求曲线 $y=x+\dfrac{2}{x}$ 在点 $(1,3)$ 处的曲率与曲率半径.

导数的应用——函数的凹凸性(提高篇)

一、已知 $f(x)$ 的导数 $f'(x)$,求 $f(x)$ 的凹凸区间.

1. $f'(x)=x(x-2)^2$.

2. $f'(x)=x^{-\frac{4}{5}}(x-3)$.

二、求下列函数的凹凸区间及拐点.

1. $f(x)=-x^4+6x^2-4$.

2. $f(x)=e^{-x^2}$.

3. $f(x)=\dfrac{x^2-4}{x-3}$.

4. $f(x)=|x^2-1|$.

5. $f(x)=(x-5)x^{\frac{2}{3}}$.

6. $f(x)=xe^{\frac{1}{x}}$.

三、求曲线 $y=\ln\tan x$ 在任一点 (x,y) 处的曲率.

四、求椭圆 $4x^2+9y^2=1$ 在点 $\left(\dfrac{\sqrt{2}}{4},\dfrac{\sqrt{2}}{6}\right)$ 处的曲率及曲率半径.

五、设函数 $f(x)$ 满足关系式 $f''(x)+[f'(x)]^2=x$,且 $f'(0)=0$,判断点 $(0,f(0))$ 是否为曲线 $y=f(x)$ 的拐点.

*六、设函数 $y=y(x)$ 由参数方程 $\begin{cases} x=t^3+3t+1, \\ y=t^3-3t+1 \end{cases}$ 确定,讨论曲线 $y=y(x)$ 向上凸时对应参量 t 的取值范围.

导数的应用——函数图象的描绘(基础篇)

基础理论

1. 若函数 $f(x)$ 满足_____或_____,称直线 $y=c$ 为曲线 $y=f(x)$ 的水平渐近线.
2. 若函数 $f(x)$ 满足 $\lim\limits_{x\to a}f(x)=\infty$,则称直线 $x=a$ 为曲线 $y=f(x)$ 的_____.
3. 若 $\lim\limits_{x\to+\infty}[f(x)-(kx+b)]=0$ 或 $\lim\limits_{x\to-\infty}[f(x)-(kx+b)]=0$,$k\neq 0$,则称 $y=kx+b$ 是函数 $y=f(x)$ 的一条_____.
4. 利用导数描绘函数图象的一般步骤为:
   第一步,确定函数 $f(x)$ 的定义域,研究函数特性如奇偶性、周期性、有界性等,求出函数的一阶导数 $f'(x)$ 和二阶导数 $f''(x)$;
   第二步,求 $f'(x)$ 和 $f''(x)$ 在定义域内的全函数的间断点和导数不存在的点,这些点把定义域划分成若干个区间;
   第三步,确定这些区间内_____和_____的符号,并由此确定函数的增减性与极值及曲线的凹凸与拐点;
   第四步,确定函数图象的渐近线以及其他变化趋势;
   第五步,在坐标平面上描出特殊点和部分辅助作图点(如与坐标轴的交点和曲线的端点等),用平滑曲线连接而画出函数的图象.

基础运算

1. 设 $f(x)$ 二阶可导,根据下列描述画出函数 $f(x)$ 的简单图象.
   (1) $f(x)$ 的定义域为实数集,值域为 $(-\infty,5]$,$f(x)$ 在定义域内处处连续.在 $(-\infty,2)$ 上 $f'(x)>0$,在 $(2,+\infty)$ 上 $f'(x)<0$,$f''(x)$ 在定义域内取负值;

(2) $f(x)$的定义域为实数集,值域为 **R**,$f(x)$在定义域内处处连续.在$(-\infty, -1) \cup (3, +\infty)$上 $f'(x) > 0$,在$(-1, 3)$上 $f'(x) < 0$,在$(-\infty, 1)$上 $f''(x) < 0$,在$(1, +\infty)$上 $f''(x) > 0$.

2. 作函数 $y = x^3 - 2x^2 - 13x - 10$ 的图象.

导数的应用——函数图象的描绘(提高篇)

一、求下列函数曲线的渐近线.

1. $y = \dfrac{x^2}{2x+1}$.

2. $y = (2x-1)\mathrm{e}^{\frac{1}{x}}$.

二、根据以下条件画出函数 $y = f(x)$ 的图象.

(1) 当 $x \neq 0$ 时, $y = f(x)$ 的图象是连续光滑的曲线;

(2) $f(2) = 10$, $f(0) = -1$, $f\left(-\dfrac{1}{2}\right) = 1$, $f(-2) = 3$, $f(-6) = 0$;

(3) $f'(-2) = f'(2) = 0$, $f''\left(-\dfrac{1}{2}\right) = 0$;

(4) 对于 $0 < |x| < 2$ 有 $f'(x) < 0$, 对于 $|x| > 2$ 有 $f'(x) > 0$;

(5) 当 $x < -\dfrac{1}{2}$ 时, 有 $f''(x) < 0$; 当 $x \in \left(-\dfrac{1}{2}, 0\right) \cup (0, +\infty)$ 时, 有 $f''(x) > 0$;

(6) $\lim\limits_{x \to 0^+} f(x) = +\infty$, $\lim\limits_{x \to \infty} \dfrac{f(x)}{x} = 1$, $\lim\limits_{x \to \infty} [f(x) - x] = 7$.

三、画出下列函数的简单图象.(需注明单调性、凹凸性、极值、拐点、渐近线等)

1. $y = x\sqrt{8-x^2}$.

2. $y = \dfrac{x^3+4}{x^2}$.

导数的应用——*泰勒公式（基础篇）

1. 若 $f(x)$ 在 x_0 处有 n 阶导数，称 $P_n(x)=f(x_0)+f'(x_0)(x-x_0)+\cdots+\dfrac{f^{(n)}(x_0)}{n!}(x-x_0)^n$ 为函数 $f(x)$ 在 x_0 处的 n 阶 _____ 多项式.

2. 如果函数 $f(x)$ 在含有 x_0 的某个开区间内具有直到 $n+1$ 阶的导数，则在此开区间内 $f(x)$ 可以表示为 $(x-x_0)$ 的一个 n 次多项式 $P_n(x)$ 与余项 $R_n(x)$ 之和：$f(x)=P_n(x)+R_n(x)$，其中 $R_n(x)=$ _____ （ξ 是介于 x,x_0 之间的某个点）.（此结论称为泰勒中值定理）

3. $f(x)=f(x_0)+f'(x_0)(x-x_0)+\dfrac{f''(x_0)}{2!}(x-x_0)^2+\cdots+\dfrac{f^{(n)}(x_0)}{n!}(x-x_0)^n+R_n(x)$ 或 $f(x)=f(x_0)+f'(x_0)(x-x_0)+\dfrac{f''(x_0)}{2!}(x-x_0)^2+\cdots+\dfrac{f^{(n)}(x_0)}{n!}(x-x_0)^n+o((x-x_0)^n)$ 称为 $f(x)$ 按 $(x-x_0)$ 的升幂展开的 n 阶 _____ .

4. 如果函数 $f(x)$ 在含有 x_0 的某个开区间内具有任意阶导数，并且各阶导数均有界，则在此区间内 $f(x)$ 可以写成幂级数，即 $f(x)$ 是一个幂级数的和函数，

$$f(x)=f(x_0)+f'(x_0)(x-x_0)+\dfrac{f''(x_0)}{2!}(x-x_0)^2+\cdots+\dfrac{f^{(n)}(x_0)}{n!}(x-x_0)^n+\cdots$$
$$=\sum_{n=0}^{\infty}\dfrac{f^{(n)}(x_0)}{n!}(x-x_0)^n$$

称此幂级数为 $f(x)$ 的 _____ ，$\dfrac{f^{(n)}(x_0)}{n!}$ 为 _____ ，此时也称 $f(x)$ 可以展开成泰勒级数.

5. 若 $x_0=0$，泰勒公式又称为麦克劳林公式，泰勒级数又称为 _____ ，$f(x)$ 的泰勒展开式又称为 _____ .

1. 写出下列函数的麦克劳林展开式及展开范围.
   (1) $f(x)=\sin x$；　　　　　　　　　(2) $f(x)=\cos x$；

(3) $f(x)=e^x$; (4) $f(x)=\dfrac{1}{1-x}$;

(5) $f(x)=\ln(1+x)$.

2. 求函数 $f(x)=\ln x$ 在 $x=2$ 处的 3 阶泰勒公式.

学号_____ 姓名_____ 专业_____

导数的应用——*泰勒公式(提高篇)

一、求函数 $f(x)=\tan x$ 的 3 阶麦克劳林公式.

二、写出函数 $f(x)=x^3\ln x$ 在 $x=1$ 处的 4 阶泰勒公式.

三、将函数 $f(x)=\dfrac{1}{x}$ 展开成 $(x-3)$ 的幂级数.

四、如果函数 $f(x)$ 在含有 x_0 的某个开区间内具有直到 $n+1$ 阶的导数，则在此开区间内 $f(x)$ 可以表示为一个 n 次多项式 $P_n(x)$ 与余项 $R_n(x)$ 之和：$f(x)=P_n(x)+R_n(x)$，其中 $P_n(x)=f(x_0)+f'(x_0)(x-x_0)+\dfrac{f''(x_0)}{2!}(x-x_0)^2+\cdots+\dfrac{f^{(n)}(x_0)}{n!}(x-x_0)^n$，$R_n(x)=\dfrac{f^{(n+1)}(\xi)(x-x_0)^{n+1}}{(n+1)!}$（$\xi$ 介于 x 与 x_0 之间）或 $R_n(x)=o((x-x_0)^n)$，说明 $f(x)$ 的泰勒公式形式唯一. 利用 $\sin x=x-\dfrac{1}{3!}x^3+\dfrac{1}{5!}x^5-\cdots+(-1)^n\dfrac{x^{2n+1}}{(2n+1)!}+o(x^{2n+1})$，有 $\sin x^2=x^2-\dfrac{1}{3!}x^6+\dfrac{1}{5!}x^{10}-\cdots+(-1)^n\dfrac{x^{4n+2}}{(2n+1)!}+o(x^{4n+2})$. 请写出 e^{2x} 的 n 阶麦克劳林公式.

五、完成下列计算.

1. 填空题.

    (1) $e^{x^2}=$ _____ $+o(x^4)$；

    (2) $\cos x=$ _____ $+o(x^4)$.

2. 当 $x\to 0$ 时，$e^{x^2}+a\cos x+b$ 是 x^4 的同阶无穷小，求 a，b.

导数的应用——测验卷

一、填空选择题.

1. 设 $f(x)$、$g(x)$ 在 $(-\infty,+\infty)$ 可导,且 $f(x)<g(x)$,在下列结论后填写相应字母,"T"表示正确,"F"表示错误,若结论不成立,试举出反例.
   (1) $-f(-x)<[-g(-x)]$ _____;
   (2) $\lim\limits_{x\to x_0}f(x)<\lim\limits_{x\to x_0}g(x)$ _____;
   (3) $f'(x)<g'(x)$ _____;
   (4) $f^2(x)<g^2(x)$ _____.

2. 若 $9a^2-8b<0$,则方程 $x^5+5ax^3+10bx-3c=0$ ( ).
   A. 无实根
   B. 有唯一实根
   C. 有三个不相等的实根
   D. 有五个不相等的实根

3. 函数 $f(x)=\sqrt{3}x+2\cos x$ 在 $\left[-\dfrac{\pi}{2},\dfrac{\pi}{2}\right]$ 上的最大值为 _____.

4. 曲线 $y=(2x-1)\mathrm{e}^{\frac{1}{x}}$ 的斜渐近线为 _____.

5. 若 $f(x)$ 在 $(-\infty,+\infty)$ 有定义,$x=x_0\neq 0$ 是 $f(x)$ 的极大值点,则( ).
   A. x_0 是 $f(x)$ 的驻点
   B. $-x_0$ 是 $-f(-x)$ 的极小值点
   C. $-x_0$ 是 $-f(x)$ 的极小值点
   D. 对任意 x,$f(x)\leqslant f(x_0)$

6. 设函数 $f(x)=x^3(1-x)^2$,则( ).
   A. $x=0$ 是 $f(x)$ 的极值点,但 $(0,0)$ 不是曲线 $y=f(x)$ 的驻点
   B. $x=0$ 不是 $f(x)$ 的极值点,但 $(0,0)$ 是曲线 $y=f(x)$ 的驻点
   C. $x=0$ 是 $f(x)$ 的极值点,$(0,0)$ 也是曲线 $y=f(x)$ 的驻点
   D. $x=0$ 不是 $f(x)$ 的极值点,$(0,0)$ 也不是曲线 $y=f(x)$ 的驻点

二、求极限.

1. $\lim\limits_{x\to+\infty}x\left(\dfrac{\pi}{2}-\arctan x\right)$;

2. $\lim\limits_{x\to+\infty}\dfrac{5x-\sqrt{x^2-1}}{\sqrt{x^2+\sin x}}$;

3. $\lim\limits_{x\to 0}(\cos x)^{\frac{1}{x^2}}$;

4. $\lim\limits_{x\to 0^+}\dfrac{\ln(1+3x^2)}{x(1-\cos\sqrt{x})}$.

三、 求曲线 $\begin{cases} x=a(t-\sin t), \\ y=a(1-\cos t), \end{cases} a>0$，在 $t=\dfrac{\pi}{3}$ 对应点处的曲率半径.

学号_____ 姓名_____ 专业_____

四、求函数 $y = \dfrac{2x^2}{(3+x)^2}$ 的单调区间、极值点、凹凸区间及拐点.

五、利用导数证明：当 $x>0$ 时，$(x^2-1)\ln x \geqslant (x-1)^2$.

六、已知 $f(x)$ 具有连续二阶导数，不是多项式函数，若 $\lim\limits_{x\to 0}\dfrac{f(x)-2x^3+x^2-5}{x\sin x}=4$，求 $f'(0)$、$f''(0)$ 及函数曲线在 $x=0$ 处的曲率．

*七、利用泰勒公式计算 $\lim\limits_{x\to 0}\dfrac{\sin x^2+\ln(1-x^2)}{(4^x-1)(1-e^{2x^3})}$．

不定积分——不定积分的概念（基础篇）

 **基础理论**

1. 设函数 $F(x)$ 与 $f(x)$ 在区间 I 上有定义. 若在区间 I 上 $F'(x)=f(x)$，则称 $F(x)$ 为 $f(x)$ 在区间 I 上的一个_____.
2. 若 $f(x)$ 在区间 I 上_____，则 $f(x)$ 在 I 上一定存在原函数.
3. 若 $F(x)$ 是 $f(x)$ 在区间 I 上的一个原函数，则对任意常数 C，$F(x)+C$ 也是 $f(x)$ 在区间 I 上的_____.
4. 在区间 I 上，若 $F(x)$ 为 $f(x)$ 的一个原函数，则带有任意常数的原函数全体 $F(x)+C$ 称为 $f(x)$ 在区间 I 上的不定积分，记为_____，其中 $f(x)$ 称为_____，x 称为_____.
5. 若函数 $F(x)$ 是 $f(x)$ 的一个原函数，则称 $y=F(x)$ 的图象为 $f(x)$ 的一条_____.
6. 借助导数（微分）计算的基本公式，可以得到积分基本公式：

   (1) $\int k\,\mathrm{d}x = $ _____ ;
   (2) $\int x^{\mu}\,\mathrm{d}x = $ _____ $(\mu\neq -1)$;
   (3) $\int \dfrac{1}{x}\,\mathrm{d}x = $ _____ ;
   (4) $\int \mathrm{e}^x\,\mathrm{d}x = $ _____ ;
   (5) $\int a^x\,\mathrm{d}x = $ _____ ;
   (6) $\int \cos x\,\mathrm{d}x = $ _____ ;
   (7) $\int \sin x\,\mathrm{d}x = $ _____ ;
   (8) $\int \sec^2 x\,\mathrm{d}x = $ _____ ;
   (9) $\int \csc^2 x\,\mathrm{d}x = $ _____ ;
   (10) $\int \dfrac{1}{\sqrt{1-x^2}}\,\mathrm{d}x = $ _____ ;
   (11) $\int \dfrac{\mathrm{d}x}{1+x^2} = $ _____ .

 **基础运算**

1. 思考：函数 $f(x)$ 在区间 I 上的导函数与原函数有什么联系？

2. 思考：函数 $f(x)$ 在区间 I 上的原函数与 $f(x)$ 在区间 I 上的不定积分有什么联系与区别？

3. 利用求导运算验证下列等式的正确性.

(1) $\displaystyle\int \frac{\mathrm{d}x}{\sqrt{x^2+1}} = \ln(x+\sqrt{x^2+1}) + C$；

(2) $\displaystyle\int \frac{2x\,\mathrm{d}x}{(x^2+1)(x+1)^2} = \arctan x + \frac{1}{x+1} + C.$

学号_____ 姓名_____ 专业_____

不定积分——不定积分的概念（提高篇）

一、计算下列不定积分.

(1) $\int \dfrac{1}{x^2}\mathrm{d}x = $ _____ ；

(2) $\int 5\mathrm{d}x = $ _____ ；

(3) $\int a^x \mathrm{e}^x \mathrm{d}x = $ _____ ；

(4) $\int \mathrm{e}^{2+x}\mathrm{d}x = $ _____ ；

(5) $\int \sqrt{x}\,\mathrm{d}x = $ _____ ；

(6) $\int \dfrac{1}{\sqrt{x}}\mathrm{d}x = $ _____ ；

(7) $\int \dfrac{x^2}{1+x^2}\mathrm{d}x = $ _____ ；

(8) $\int (\mathrm{e}+1)^x \mathrm{d}x = $ _____ ；

(9) $\int \dfrac{2}{\sqrt{1-x^2}}\mathrm{d}x = $ _____ ；

(10) $\int \dfrac{x\sqrt[4]{x^7}}{\sqrt[5]{x^6}}\mathrm{d}x = $ _____ ；

(11) $\int (3x^2 - 4)\mathrm{d}x = $ _____ ；

(12) $\int \dfrac{\sqrt{1-x^2}-3}{\sqrt{1-x^2}}\mathrm{d}x = $ _____ ．

二、判断函数 $f(x)=(\mathrm{e}^{2x}-\mathrm{e}^{-2x})^2$ 与 $g(x)=\mathrm{e}^{4x}+\mathrm{e}^{-4x}$ 是否为同一函数的两个原函数.

三、已知 $\mathrm{d}\left[\int f(x)\mathrm{d}x\right]=\left[(\sin x)\mathrm{e}^{\tan x}-6x^3\right]\mathrm{d}x$，求 $\int \mathrm{d}f(x)$.

四、$f(x)=\begin{cases}1, & x\leq 0,\\ 2, & x>0\end{cases}$ 在$(-5,4)$上一定存在原函数,该说法正确吗?

五、完成下列计算.

1. 若 $\int f(x)\,dx = e^{-2x}\cos 3x + C$($C$ 为常数),求 $f(x)$.

2. 若 $f(x)$ 的一个原函数是 $\ln(\cos x)$,求 $f'(x)$.

3. 设 $\int \dfrac{x}{f(x)}\,dx = e^{-x^3} + C$($C$ 为常数),求 $f(x)$.

学号_____ 姓名_____ 专业_____

不定积分——不定积分的计算方法(基础篇)

基础理论

1. 不定积分的线性性质：
   (1) $\int [f(x) \pm g(x)]\mathrm{d}x =$ _____ ；
   (2) $\int kf(x)\mathrm{d}x =$ _____ .

2. 不定积分的分部积分公式为 $\int u(x)\mathrm{d}v(x) =$ _____ .

3. 若函数 $f(u)$ 具有原函数 $F(u)$，则 $\int f(\varphi(x))\varphi'(x)\mathrm{d}x = \int f(\varphi(x))\mathrm{d}\varphi(x)$，可作换元 _____ ，$\int f(\varphi(x))\varphi'(x)\mathrm{d}x = \int f(u)\mathrm{d}u = F(u) + C =$ _____ . (此结论又称为不定积分换元法)

4. 不定积分换元公式又可写作：令 $x = \varphi(t)$ 可导，且有反函数 $t = G(x)$，不定积分 $\int f(x)\mathrm{d}x = \int f(\varphi(t))\mathrm{d}\varphi(t) = \int f(\varphi(t))\varphi'(t)\mathrm{d}t$，若 $f(\varphi(t))\varphi'(t)$ 具有原函数 $F(t)$，则 $\int f(x)\mathrm{d}x =$ _____ . (结论需表示为 x 的函数形式)

基础运算

1. 计算下列不定积分.

   (1) $\int \tan x \,\mathrm{d}x$；

   (2) $\int \cot x \,\mathrm{d}x$；

   (3) $\int \sec x \,\mathrm{d}x$；

   (4) $\int \csc x \,\mathrm{d}x$；

   (5) $\int \dfrac{\mathrm{d}x}{1 - x^2}$；

   (6) $\int \dfrac{\mathrm{d}x}{x^2 - a^2}$.

2. 利用不定积分的线性性质求下列积分.

(1) $\int (1+x^2)^2 \, dx$;

(2) $\int \left(\dfrac{1}{1+x^2} - \dfrac{2}{\sqrt{1-x^2}} \right) dx$.

3. 利用分部积分法计算下列不定积分.

(1) $\int x \sin x \, dx$;

(2) $\int \arctan x \, dx$.

4. 利用换元法计算下列不定积分.

(1) $\int \sin x \cos^2 x \, dx$;

(2) $\int \dfrac{dx}{1-2x}$.

不定积分——不定积分的计算方法(提高篇)

一、利用积分表及线性性质计算下列不定积分.

(1) $\int \left(x - \dfrac{3}{x}\right)\left(x + \dfrac{3}{x}\right) dx = $ _____ ;

(2) $\int \dfrac{x^2 - 2}{1 + x^2} dx = $ _____ ;

(3) $\int \tan^2 x \, dx = $ _____ ;

(4) $\int \dfrac{(x+1)^2 - 2}{x^5} dx = $ _____ ;

(5) $\int \dfrac{x^4}{1 + x^2} dx = $ _____ ;

(6) $\int \left(\dfrac{3}{1 + x^2} - \dfrac{2}{\sqrt{1 - x^2}}\right) dx = $ _____ ;

(7) $\int \left(e^x - x + \dfrac{1}{x}\right) dx = $ _____ ;

(8) $\int \left(\sin \dfrac{x}{2} + \cos \dfrac{x}{2}\right)^2 dx = $ _____ ;

(9) $\int (\cot^2 x + \csc^2 x) dx = $ _____ ;

(10) $\int \dfrac{e^{2x} - e^x + 3}{e^x} dx = $ _____ .

二、利用分部积分法计算下列不定积分.

1. $\int x^3 \ln x \, dx$.

2. $\int e^x \sin x \, dx$.

3. $\int x \arctan x \, dx$.

4. $\int e^x (x^2 - 3x - 1) dx$.

三、利用换元法计算下列定积分.

1. $\int 2(\cos x)^{-\frac{1}{2}} \sin x \, dx$.

2. $\int \sqrt{x} \sin\left(2 x^{\frac{3}{2}}\right) dx$.

3. $\int \dfrac{x^2}{\sqrt{1-x^3}}\mathrm{d}x$.

4. $\int \dfrac{4\mathrm{e}^x}{1+\mathrm{e}^x}\mathrm{d}x$.

5. $\int \dfrac{\sqrt{x}}{1+\sqrt{x}}\mathrm{d}x$.

6. $\int \dfrac{x^2}{\sqrt{1-x^2}}\mathrm{d}x$.

四、当遇到 $\int \dfrac{\mathrm{d}x}{ax^2+bx+c}$ 类型的不定积分时,可以参照以下方法计算:

① 若 ax^2+bx+c 的判别式 $\Delta>0$,$\int \dfrac{\mathrm{d}x}{ax^2+bx+c}=\int\left(\dfrac{C_1}{A_1x+B_1}-\dfrac{C_2}{A_2x+B_2}\right)\mathrm{d}x$,其中 $ax^2+bx+c=(A_1x+B_1)(A_2x+B_2)$;

② 若 ax^2+bx+c 的判别式 $\Delta=0$,$\int \dfrac{\mathrm{d}x}{ax^2+bx+c}=\int \dfrac{\mathrm{d}x}{(Ax+B)^2}$;

③ 若 ax^2+bx+c 的判别式 $\Delta<0$,$\int \dfrac{\mathrm{d}x}{ax^2+bx+c}=\int \dfrac{\mathrm{d}x}{a(x+A)^2+B^2}$.

利用上述结论计算下列不定积分:

(1) $\int \dfrac{\mathrm{d}x}{2x^2-5x-3}$;

(2) $\int \dfrac{\mathrm{d}x}{4x^2+4x+5}$.

不定积分——简单微分方程(基础篇)

基础理论

1. 含有未知函数的导数或微分的等式称为_____.
2. 未知函数为一元函数的微分方程称为_____;未知函数为多元函数的微分方程称为_____.
3. 微分方程中所出现的未知函数的最高阶导数的阶数,叫作微分方程的_____.
4. 二阶及二阶以上的微分方程称为_____.
5. 如果把某一个函数代入微分方程后,方程成为恒等式,则称此函数是微分方程的_____,求微分方程解的过程叫作_____.
6. 如果微分方程的解中含有任意常数,且任意常数相互独立,个数与微分方程的阶数相同,这样的解叫作微分方程的_____.这里所说的相互独立的任意常数,是指它们不能通过合并而使得通解中的任意常数的个数减少.
7. 不含任意常数 C 的解称为微分方程的_____.
8. 如果添加一些附加条件可以确定通解中的任意常数,这些附加条件称为_____,也称为定解条件.
9. 带有_____的微分方程称为微分方程的初值问题.
10. 微分方程特解的图象是一条曲线,称为微分方程的_____.
11. 若一阶微分方程可以写成 $g(y)\mathrm{d}y=f(x)\mathrm{d}x$ 的形式,则称其为_____.
12. 若一阶微分方程可以写成 $\dfrac{\mathrm{d}y}{\mathrm{d}x}=\varphi\left(\dfrac{y}{x}\right)$ 的形式,则称其为_____.
13. 若微分方程可以写成 $\dfrac{\mathrm{d}y}{\mathrm{d}x}+P(x)y=Q(x)$ 的形式,则称其为_____.如果_____,则称其为一阶齐次线性微分方程;如果_____,则称其为一阶非齐次线性微分方程.
14. 一阶线性微分方程的通解公式为_____.

基础运算

1. 写出下列各微分方程的阶数.

   (1) $x(y')^2-2yy'+x=0$;

   (2) $xy''-xy'+y=0$;

   (3) $xy'''+2y''+x^2y=0$;

   (4) $(7x-6y)\mathrm{d}x+(x+y)\mathrm{d}y=0$;

(5) $L\dfrac{d^2Q}{dt^2}+R\dfrac{dQ}{dt}+\dfrac{Q}{C}=0$;   (6) $\dfrac{d\rho}{d\theta}+\rho=\sin^2\theta$.

2. 验证下列各题中的函数是否为所给微分方程的解.

(1) $xy'=2y$, $y=5x^2$；

(2) $y''+y=0$, $y=3\sin x-4\cos x$.

3. 求下列微分方程的解.

(1) $y'=e^{2x-y}$, $y|_{x=0}=0$；

(2) $y'=\dfrac{x}{y}+\dfrac{y}{x}$, $y|_{x=1}=2$；

(3) $\dfrac{dy}{dx}+y=e^{-x}$.

不定积分——简单微分方程(提高篇)

一、指出下列各微分方程的阶数.

1. $x(y'')^3 + 2vy' - x\sin y = 0$.

2. $\left(\dfrac{\mathrm{d}p}{\mathrm{d}t}\right)^2 - t^2 \dfrac{\mathrm{d}^3 p}{\mathrm{d}t^3} = \mathrm{e}^{t^2} + 2t$.

3. $(5x - y)\mathrm{d}x = (\tan xy)\mathrm{d}y$.

4. $2\dfrac{\mathrm{d}^2 z}{\mathrm{d}y^2} + \left(\dfrac{\mathrm{d}z}{\mathrm{d}y}\right)^5 - 4z^3 y = 1$.

二、验证 $y = C\mathrm{e}^{\arcsin x}$ 是否为微分方程 $y'\sqrt{1-x^2} - y = 0$ 的通解.

三、写出通解为 $y^2 = C_1 x + C_2$ 的微分方程.

四、求下列微分方程的通解.

1. $\mathrm{d}y = 2x(y+1)\mathrm{d}x$.

2. $y' = 1 + x + y^2 + xy^2$.

五、求下列微分方程的通解.

1. $y\,dy + y\,dx = x\,dy$.

2. $(1+e^{-\frac{y}{x}})x\,dy+(x-y)\,dx=0$.

六、求下列微分方程的通解.

1. $(\tan x)y' = 5+y$.

2. $x^2\,dy-(x^2+2xy-y)\,dx=0$.

七、求解下列初值问题.

1. $\begin{cases} (1-x)y'+y=x, \\ y\big|_{x=0}=2. \end{cases}$

2. $\begin{cases} y\,dx+x^2\,dy-4\,dy=0, \\ y\big|_{x=1}=2. \end{cases}$

八、 形如 $\dfrac{dy}{dx}+P(x)y=Q(x)y^n$ 的微分方程称为伯努利方程,方程两边除以 y^n,得 $y^{-n}\dfrac{dy}{dx}+P(x)y^{1-n}=Q(x)$,令 $z=y^{1-n}$,则方程变形为 $\dfrac{dz}{dx}+(1-n)P(x)z=(1-n)Q(x)$,即关于未知函数 z 的一阶线性微分方程. 利用上述方法求解伯努利方程 $xy'=3x^2y^2-2y$.

不定积分——测验卷

一、填空选择题.

1. 在下列结论后填写相应字母,"T"表示正确,"F"表示错误,若结论错误,请写出相关正确结论.

(1) $\int f'(x)\mathrm{d}x = f(x)$ _____;

(2) $\int xf'(x)\mathrm{d}x = \dfrac{f^2(x)}{2}+C$ _____;

(3) $\dfrac{\mathrm{d}}{\mathrm{d}x}\left[\int f(x)\mathrm{d}x\right] = f(x)$ _____;

(4) $\mathrm{d}\left[\int f(x)\mathrm{d}x\right] = f(x)$ _____.

2. 若 $\int \mathrm{d}f(x) = \int \mathrm{d}g(x)$,在下列结论后填写相应字母,"T"表示正确,"F"表示错误.

(1) $f(x) = g(x)$ _____; (2) $f'(x) = g'(x)$ _____;

(3) $\mathrm{d}f(x) = \mathrm{d}g(x)$ _____; (4) $\mathrm{d}\int f'(x)\mathrm{d}x = \mathrm{d}\int g'(x)\mathrm{d}x$ _____.

3. 下列各对函数中,是同一函数的原函数的是( ).

A. $\arcsin x$ 和 $\mathrm{arccot}\, x$ B. $\dfrac{2^x}{\ln 2}$ 和 $2^x + \ln 2$

C. $\ln(x+3)$ 和 $\ln x + \ln 3$ D. $(\mathrm{e}^x - \mathrm{e}^{-x})^2$ 和 $\mathrm{e}^{2x} + \mathrm{e}^{-2x}$

4. 设 $\int xf(x)\mathrm{d}x = \arccos x + C$,则 $\int \dfrac{1}{f(x)}\mathrm{d}x = $_____.

5. 已知 $f(x)$ 有一个原函数为 $\ln^2 x$,则 $\int x^2 f'(x)\mathrm{d}x = $_____.

6. $\int \dfrac{\sin x + \cos x}{\sqrt[3]{\sin x - \cos x}}\mathrm{d}x = $_____.

7. 已知 $\int f(x)\mathrm{d}x = x^3 - x + C$,则 $\int xf(2+x^2)\mathrm{d}x = $_____.

8. 下列函数中,微分方程 $y'' - 7y' + 12y = 0$ 的解是( ).

A. $y = x^3$ B. $y = x^2$
C. $y = \mathrm{e}^{3x}$ D. $y = \mathrm{e}^{2x}$

二、计算下列不定积分.

1. $\int x\sin^2 x\,\mathrm{d}x$.

2. $\int \dfrac{dx}{(2+x)\sqrt{1+x}}$.

3. $\int \dfrac{x^3}{\sqrt{1+x^2}} dx$.

4. $\int e^{2x}(\tan x+1)^2 dx$.

5. $\int \dfrac{x e^x}{\sqrt{e^x-1}} dx$.

三、设 $f'(\ln x)=x+\ln x$,求 $f(x)$.

四、$f(x)=\begin{cases} x\mathrm{e}^{x^2}, & x\geqslant 0 \\ \cos x-1-2x^3, & x<0 \end{cases}$ 是 $F(x)$ 的导数,且 $F(0)=1$,求 $F(x)$.

五、求过点 $(1,0)$ 且满足关系式 $y'\arctan x+\dfrac{y}{1+x^2}=1$ 的曲线方程.

六、求微分方程$(x^2+y^2)\mathrm{d}x=xy\mathrm{d}y$ 满足$y\mid_{x=1}=2$ 的特解.

七、已知$y=y(x)$在任意点x处的增量Δy满足$\Delta y=\dfrac{1+y^2}{1+x^2}\Delta x+\beta$,且当$\Delta x\to 0$时,$\beta$是$\Delta x$的高阶无穷小,$y(-1)=1$,求$y(-\sqrt{3})$.

学号_____ 姓名_____ 专业_____

定积分——定积分的概念与性质(基础篇)

基础理论

1. 设函数 $f(x)$ 在 $[a,b]$ 连续,任意分割 $[a,b]$ 为若干个小区间,小区间长度记为 Δx_i,在每个小区间中任取一点 c_i,作乘积 $f(c_i)\Delta x_i$,且求和 $S=\sum_{i=1}^{n}f(c_i)\Delta x_i$,令 λ 是最大的小区间长度,无线细分区间 $[a,b]$,当 $\lambda\to 0$ 时和 S 总是趋近一个确定的极限 I,称 $f(x)$ 在 $[a,b]$ 上可积,称 I 为 $f(x)$ 在 $[a,b]$ 的_____,记作_____,其中 $f(x)$ 叫作_____,$[a,b]$ 叫作_____,a 叫作_____,b 叫作_____.

2. 若函数 $f(x)$ 在区间 $[a,b]$ _____,则 $f(x)$ 在 $[a,b]$ 上可积.

3. 若函数 $f(x)$ 在区间 $[a,b]$ _____,且只有有限个间断点,则 $f(x)$ 在 $[a,b]$ 上可积.

4. 当 $f(x)\geqslant 0$ 时,$\int_a^b f(x)\mathrm{d}x$ 在几何上表示由三条直线_____,_____,_____及一条曲线_____所围成的曲边梯形的面积.

5. 定积分的线性性质为 $\int_a^b[k_1 f(x)+k_2 g(x)]\mathrm{d}x=$_____.

6. $\int_b^a f(x)\mathrm{d}x=$_____$\int_a^b f(x)\mathrm{d}x$,$\int_a^a f(x)\mathrm{d}x=$_____.

7. 如果 $f(x)$ 可积,$\int_a^b f(x)\mathrm{d}x=$_____$+\int_c^b f(x)\mathrm{d}x$.(此结论称为定积分的区间可加性)

8. 如果在 $[a,b]$ 上 $f(x)\geqslant 0$,则_____.(此结论称为定积分的保号性)

9. 如果在 $[a,b]$ 上 $f(x)\leqslant g(x)$,则_____.(此结论称为定积分的保不等式性质)

10. 设 $a<b$,则 $|\int_a^b f(x)\mathrm{d}x|$_____$\int_a^b|f(x)|\mathrm{d}x$.(此结论称为定积分的绝对值不等式)

11. 若 $f(x)$ 在 $[a,b]$ 上有最大值 M 和最小值 m,则_____$\leqslant\int_a^b f(x)\mathrm{d}x\leqslant$_____.(此结论称为定积分的估值不等式)

12. 若 $f(x)$ 是区间 $[a,b]$ 上的连续函数,则在 $[a,b]$ 上存在一点 ξ,使得_____.(此结论称为积分中值定理)

基础运算

1. 利用定积分的几何意义画图计算下列定积分.

(1) $\int_{-\pi}^{\pi}\sin x\,\mathrm{d}x$;

(2) $\int_0^2\sqrt{4-x^2}\,\mathrm{d}x$.

2. 设 $f(x)=\begin{cases}6-x, & x\leqslant 3, \\ x, & x>3,\end{cases}$ 计算 $\int_1^5 f(x)\mathrm{d}x$.

3. 利用定积分的估值不等式估计 $\int_1^4 (x^2+1)\mathrm{d}x$ 的值.

4. 比较定积分 $\int_1^2 \ln x\,\mathrm{d}x$ 与 $\int_1^2 (\ln x)^2\mathrm{d}x$ 的大小.

定积分——定积分的概念与性质(提高篇)

一、根据定积分定义,若函数 $f(x)$ 连续,将 $[0,1]$ n 等分,作和 $\sum_{i=1}^{n} f\left(\dfrac{i}{n}\right) \cdot \dfrac{1}{n}$,当 $n \to \infty$ 时,极限 $\lim\limits_{n\to\infty}\sum_{i=1}^{n} f\left(\dfrac{i}{n}\right) \cdot \dfrac{1}{n}$ 一定存在,且 $\lim\limits_{n\to\infty}\sum_{i=1}^{n} f\left(\dfrac{i}{n}\right) \cdot \dfrac{1}{n} = \int_{0}^{1} f(x)\,\mathrm{d}x$. 请将极限 $\lim\limits_{n\to\infty}\left(\dfrac{1}{1+n}+\dfrac{1}{2+n}+\cdots+\dfrac{1}{2n}\right)$ 写成定积分的形式.

二、设 $f(x)$ 为连续函数,计算 $\int_{2}^{3}[f(x)-1]\,\mathrm{d}x + \int_{3}^{1}[3+f(u)]\,\mathrm{d}u + \int_{1}^{2}[f(t)-5]\,\mathrm{d}t$.

三、利用定积分的几何意义计算下列定积分.

1. $\int_{-\pi}^{2\pi} \cos x\,\mathrm{d}x$.

2. $\int_{-3}^{3} \sqrt{9-x^2}\,\mathrm{d}x$.

3. $\int_{0}^{4}\left(2-\dfrac{2}{3}x\right)\mathrm{d}x$.

4. $\int_{-1}^{4} f(x)\,\mathrm{d}x$,其中 $f(x)=\begin{cases} x, & x\leqslant 1, \\ 2-x, & x>1. \end{cases}$

四、估计下列定积分的取值范围.

1. $\int_0^{\frac{\pi}{4}} \dfrac{dx}{1+\cos^2 x}$.

2. $\int_{-1}^{2} e^{1-2x} dx$.

五、比较下列定积分的大小.

1. $\int_0^1 \sqrt[3]{x^5}\, dx$ 与 $\int_0^1 x^2\, dx$.

2. $\int_{\sqrt{2}}^{2} x\, dx$ 与 $\int_{\sqrt{2}}^{2} \sqrt{4-x^2}\, dx$.

六、 设 $f(x)$ 在 $[a,b]$ 上非负，在 (a,b) 内 $f''(x) > 0$，$f'(x) < 0$，记 $I_1 = \int_a^b f(x)\, dx$，$I_2 = \dfrac{b-a}{2}[f(b)+f(a)]$，$I_3 = (b-a)f(b)$，比较 I_1、I_2、I_3 的大小.

学号_____ 姓名_____ 专业_____

定积分——微积分基本定理(基础篇)

基础理论

1. 若 $f(x)$ 在区间 $[a,b]$ 上连续,任取 $x\in[a,b]$,令 $\Phi(x)=\int_a^x f(t)dt$,则 $\Phi(x)$ 可导,且 $\Phi'(x)=$ _____.

2. 如果 $F(x)$ 是连续函数 $f(x)$ 在区间 $[a,b]$ 上的一个原函数,则 $\int_a^b f(x)dx=$ _____. 此结论称为微积分基本定理,其中定积分的计算公式称为牛顿-莱布尼茨公式.

3. 若函数 $f(u)$ 具有原函数 $F(u)$,则 $\int_a^b f(\varphi(x))\varphi'(x)dx=\int_a^b f(\varphi(x))d\varphi(x)$,可作换元_____,$\int_a^b f(\varphi(x))d\varphi(x)=\int_{\varphi(a)}^{\varphi(b)} f(u)du=F(u)\big|_{\varphi(a)}^{\varphi(b)}$. (此结论又称为定积分换元法)

4. 设函数 $f(x)$ 是对称区间 $[-a,a]$ 上的可积函数,则有:(1) 若 $f(x)$ 是奇函数,$\int_{-a}^a f(x)dx=$ _____;(2) 若 $f(x)$ 是偶函数,$\int_{-a}^a f(x)dx=$ _____.

5. 定积分的分部积分公式为 $\int_a^b u(x)dv(x)=$ _____.

基础运算

1. 求函数 $y=\int_0^x \sin t\,dt$ 当 $x=\dfrac{\pi}{4}$ 时的导数.

2. 若 $f(x)$ 连续,$\varphi(x)$ 可导,$F(x)=\int_a^{\varphi(x)} f(t)dt$,求 $dF(x)$.

3. 计算下列定积分.

(1) $\int_4^9 \sqrt{x}(1+\sqrt{x})\,dx$;

(2) $\int_0^{\frac{\pi}{4}} \tan^2\theta\,d\theta$.

4. 利用换元法计算下列定积分.

(1) $\int_{\frac{\pi}{3}}^{\pi} \sin\left(x+\frac{\pi}{3}\right)dx$;

(2) $\int_0^{\frac{\pi}{2}} \sin\varphi\cos^3\varphi\,d\varphi$.

5. 利用分部积分法计算下列定积分.

(1) $\int_0^1 x e^{-x}\,dx$;

(2) $\int_1^e x\ln x\,dx$.

6. 计算 $\int_{-1}^2 f(x)\,dx$,其中 $f(x) = \begin{cases} x^2, & x \leqslant 0, \\ \dfrac{1}{x+1}, & x > 0. \end{cases}$

学号_____ 姓名_____ 专业_____

定积分——微积分基本定理(提高篇)

一、 设 $f(x)=\int_2^{x^2}(t^3-5t^2+6)\mathrm{d}t$,求 $f(x)$ 在 $x=2$ 处的导数.

二、 求函数 $F(x)=\int_1^x(1-\ln\sqrt{t})\mathrm{d}t\ (x>0)$ 的单调减区间.

三、 求极限 $\lim\limits_{x\to 0}\dfrac{\int_0^{x^2}\ln(1+t)\mathrm{d}t}{x^4}$.

四、利用换元法计算下列定积分.

1. $\int_0^{\frac{\pi}{2}}\sin^2 x\cos^3 x\,\mathrm{d}x$.

2. $\int_1^{\mathrm{e}}\dfrac{\sqrt{\ln x}}{x}\mathrm{d}x$.

3. $\int_1^4\dfrac{\sqrt{x}}{1+\sqrt{x}}\mathrm{d}x$.

4. $\int_0^1\dfrac{3\mathrm{d}x}{(1+x^2)^{\frac{3}{2}}}$.

五、利用分部积分法计算下列定积分.

1. $\int_0^1 x \arctan x \, dx$.

2. $\int_{-1}^1 x e^x \, dx$.

六、计算下列定积分.

1. $\int_{-1}^1 \dfrac{\sqrt[5]{x^3}+1}{1+x^2} dx$.

2. $\int_4^9 e^{\sqrt{x}-1} dx$.

七、已知 $f(1)=f'(1)=-1, f(2)=f'(2)=1$,求 $\int_1^2 x f''(x) \, dx$.

八、设 $f(x)=\begin{cases} x, & x \leqslant 0, \\ x^2+1, & x>0, \end{cases}$ 求 $\int_{-3}^{-1} f(x+2) \, dx$.

学号_____ 姓名_____ 专业_____

定积分——定积分的应用(基础篇)

基础理论

1. 若平面区域 D 的图形特点为整个区域被夹在两直线 $x=a$ 和 $x=b$ 之间,介于这两条直线之间的任何一条垂直于 x 轴的直线穿过区域,与边界至多交两点,上下交点始终在固定曲线 $y=\varphi_2(x)$ 和 $y=\varphi_1(x)$ 上,即 $a\leqslant x\leqslant b$,$\varphi_1(x)\leqslant y\leqslant \varphi_2(x)$. 称这样的图形为 X-型区域. 此时平面区域 D 的面积计算公式为_____.

2. 若平面区域 D 的图形特点为整个区域被夹在两直线 $y=c$ 和 $y=d$ 之间,介于这两条直线之间的任何一条垂直于 y 轴的直线穿过区域,与边界至多交两点,左右交点始终在固定曲线 $x=\psi_1(y)$ 和 $x=\psi_2(y)$ 上,即 $c\leqslant y\leqslant d$,$\psi_1(y)\leqslant x\leqslant \psi_2(y)$. 称这样的图形为 Y-型区域. 此时平面区域 D 的面积计算公式为_____.

3. 若空间立体位于平面 $x=a$ 与 $x=b$ 之间,且垂直于 x 轴的平面截此立体的截面面积 $A(x)$ 为 x 的连续函数,此立体的体积计算公式为_____.

4. 若空间立体是由曲线 $y=f(x)$,直线 $x=a$,$x=b$ 及 x 轴所围的曲边梯形绕 x 轴旋转一周而成的旋转体,此立体的体积计算公式为_____.

5. 若曲线为 $y=f(x)$,$a\leqslant x\leqslant b$,其中 $f(x)$ 在 $[a,b]$ 上有连续的一阶导数,此曲线的弧长计算公式为_____.

6. 连续函数 $f(x)$ 在区间 $[a,b]$ 上的平均值计算公式为_____.

7. 如果 $f(x)$ 表示某一量 y 对 x 的变化率,则量 y 的总积累(x 从 a 变化到 b)的计算公式为_____.

基础运算

1. 求下列各组曲线围成图形的面积.

   (1) $y=\dfrac{1}{x}$ 与直线 $y=x$ 及 $x=2$;

   (2) $y=e^x$,$y=e^{-x}$ 与 $x=1$.

2. 由 $y=x^3, x=2, y=0$ 所围成的图形绕 x 轴旋转一周,求旋转体的体积.

3. 计算曲线 $y=\dfrac{\sqrt{x}}{3}(3-x)$ 上相应于 $1 \leqslant x \leqslant 3$ 的一段弧长度.

4. 求函数 $f(x)=x^3+2x^2-x+1$ 在区间 $[0,2]$ 上的平均值.

学号_____ 姓名_____ 专业_____

定积分——定积分的应用(提高篇)(1)

一、求下列图形的面积.

1. 曲线 $y=\dfrac{1}{x^2}$ 与 $y=x$ 及 $x=2$ 所围的区域.

2. 曲线 $y=x\sqrt{4-x^2}$,$-2\leqslant x\leqslant 2$ 与 x 轴围成的区域.

3. 曲线 $y=\mathrm{e}^{2x}$,$y=\mathrm{e}^{-x}$ 与 $x=1$ 围成的区域.

4. 曲线 $y=x^2-1$ 与 $y=1$ 围成的区域.

5. 曲线 $y=\dfrac{x^2}{4}$,$y=x$ 与 $y=1$,$y=4$ 围成的区域.

二、求下列旋转体的体积.

1. 曲线 $y=\sqrt{x-1}$ 与 $x=2$ 及 x 轴所围图形绕 x 轴旋转一周所成的旋转体.

2. 曲线 $y=\sqrt{2x-x^2}$ 与 $y=x$ 所围图形绕 x 轴旋转一周所成的旋转体.

三、设 D 是由曲线 $x=g(y)$ 与直线 $y=c$、$y=d(c<d)$、$x=0$ 所围成的平面区域,利用定积分定义可证明 D 绕 y 轴旋转一周所成的旋转体的体积为 $\int_c^d \pi g^2(y)dy$,利用此结论计算由曲线 $y=\ln x$ 与 $y=1$ 及 x、y 轴所围图形绕 x 轴旋转一周所成的旋转体的体积.

四、计算由曲线 $y=x^3$ 与 $y=x$ 所围 x 轴上方的图形绕 y 轴旋转一周所成的旋转体的体积.

定积分——定积分的应用(提高篇)(2)

一、求下列曲线的弧长.

1. $y=\dfrac{2}{3}x^{\frac{3}{2}}, 1\leqslant x\leqslant 8$.

2. $y=\dfrac{1}{2}(e^x+e^{-x}), 0\leqslant x\leqslant 3$.

二、完成下列计算.

1. 设函数 $y=y(x)$ 由参数方程 $\begin{cases}x=\varphi(t),\\ y=\psi(t)\end{cases}$ 确定,$\varphi(t)$、$\psi(t)$ 可导,且 $\varphi'(t)\neq 0$,证明:曲线 $\begin{cases}x=\varphi(t),\\ y=\psi(t),\end{cases}$ $\alpha\leqslant t\leqslant\beta$ 的弧长 $s=\displaystyle\int_\alpha^\beta\sqrt{[\varphi'(t)]^2+[\psi'(t)]^2}\,dt$.

2. 求曲线 $\begin{cases}x=\cos t+t\sin t,\\ y=\sin t-t\cos t,\end{cases}$ $0\leqslant t\leqslant\dfrac{\pi}{2}$ 的弧长.

三、求下列连续函数在指定区间上的平均值.

1. $y = \dfrac{\ln x}{\sqrt{x}}$, $[1, 4]$.

2. $y = (|x| + x)e^x$, $[-2, 2]$.

3. $y = x(1-x^4)^{\frac{3}{2}}$, $[0, 1]$.

四、已知在直线上运动物体的加速度函数为 $a(t) = \pi^2 \cos \pi t$,计算 $1 \leqslant t \leqslant \dfrac{25}{4}$ 时间间隔内的速度变化值.

定积分——反常积分（基础篇）

基础理论

1. 以下三种积分形式被称为_____.

   (1) 若 $f(x)$ 在 $[a,+\infty)$ 上连续，规定 $\int_a^{+\infty}f(x)\mathrm{d}x=\lim\limits_{b\to+\infty}\int_a^b f(x)\mathrm{d}x$，如果极限存在，称反常积分收敛，并且把极限定义为反常积分的值．如果极限不存在，称反常积分发散；

   (2) 若 $f(x)$ 在 $(-\infty,b]$ 上连续，规定 $\int_{-\infty}^b f(x)\mathrm{d}x=\lim\limits_{a\to-\infty}\int_a^b f(x)\mathrm{d}x$，如果极限存在，称反常积分收敛，并且把极限定义为反常积分的值．如果极限不存在，称反常积分发散；

   (3) 若 $f(x)$ 在 $(-\infty,+\infty)$ 上连续，规定 $\int_{-\infty}^{+\infty}f(x)\mathrm{d}x=\int_{-\infty}^c f(x)\mathrm{d}x+\int_c^{+\infty}f(x)\mathrm{d}x$，其中 c 为任一实数．若等式右端的两个积分都收敛，左端积分才称为收敛；否则左端积分称为发散.

2. 若直线 $x=a$ 是曲线 $y=f(x)$ 的垂直渐近线，则称点 $x=a$ 为函数 $y=f(x)$ 的_____．

3. 以下三种积分形式被称为_____，或称为_____．

   (1) 若 $f(x)$ 在 $(a,b]$ 上连续，点 $x=a$ 为 $f(x)$ 的瑕点，规定 $\int_a^b f(x)\mathrm{d}x=\lim\limits_{t\to a^+}\int_t^b f(x)\mathrm{d}x$，如果极限存在，称反常积分收敛，并且把极限定义为反常积分的值．如果极限不存在，称反常积分发散；

   (2) 若 $f(x)$ 在 $[a,b)$ 上连续，点 $x=b$ 为 $f(x)$ 的瑕点，规定 $\int_a^b f(x)\mathrm{d}x=\lim\limits_{t\to b^-}\int_a^t f(x)\mathrm{d}x$，如果极限存在，称反常积分收敛，并且把极限定义为反常积分的值．如果极限不存在，称反常积分发散；

   (3) 若 $f(x)$ 在 $[a,c)\cup(c,b]$ 上连续，点 $x=c$ 为 $f(x)$ 的瑕点，规定 $\int_a^b f(x)\mathrm{d}x=\int_a^c f(x)\mathrm{d}x+\int_c^b f(x)\mathrm{d}x$，若等式右端的两个积分都收敛，左端积分才称为收敛；否则左端积分称为发散.

基础运算

判定下列各反常积分的收敛性，如果收敛，计算反常积分的值.

(1) $\int_1^{+\infty}\dfrac{\mathrm{d}x}{x^4}$；

(2) $\int_1^{+\infty}\dfrac{\mathrm{d}x}{\sqrt{x}}$；

(3) $\int_0^{+\infty} e^{-2x} dx$;

(4) $\int_2^{+\infty} \dfrac{dx}{1-x^2}$;

(5) $\int_0^{+\infty} e^{-t} \sin t \, dt$;

(6) $\int_{\sqrt{3}}^{+\infty} \dfrac{dx}{1+x^2}$;

(7) $\int_0^1 \dfrac{x \, dx}{\sqrt{1-x^2}}$;

(8) $\int_0^2 \dfrac{dx}{(1-x)^2}$;

(9) $\int_1^2 \dfrac{x \, dx}{\sqrt{x-1}}$;

(10) $\int_1^e \dfrac{dx}{x\sqrt{1-(\ln x)^2}}$.

定积分——反常积分(提高篇)

一、求下列无穷限的反常积分.

1. $\int_{2}^{+\infty} \dfrac{\mathrm{d}t}{t^2-t}$.

2. $\int_{-\infty}^{+\infty} \dfrac{x\,\mathrm{d}x}{(x^2+1)}$.

3. $\int_{1}^{+\infty} \arctan x\,\mathrm{d}x$.

4. $\int_{-\infty}^{1} \mathrm{e}^{-|x|}\,\mathrm{d}x$.

5. $\int_{2}^{+\infty} \dfrac{1}{x\sqrt{x^2-1}}\mathrm{d}x$.

6. $\int_{-\infty}^{+\infty} \dfrac{\mathrm{d}x}{x^2+4x+13}$.

二、设 $f(x)=\begin{cases} x\mathrm{e}^{-x^2}, & x\geqslant 1, \\ 3-2x, & x<1, \end{cases}$ 计算 $\int_{-1}^{+\infty} f(x+1)\,\mathrm{d}x$.

三、求下列无界函数的反常积分.

1. $\int_0^1 \dfrac{e^{-\sqrt{x}}}{\sqrt{x}} dx$.

2. $\int_0^2 \dfrac{dx}{\sqrt{|1-x|}}$.

3. $\int_0^1 \dfrac{4t}{\sqrt{(1-t^2)^3}} dt$.

4. $\int_0^{+\infty} \dfrac{2dx}{x^2-1}$.

四、完成下列计算.

1. 求由曲线 $y = xe^{-x^2}$ 与 x 轴所围成的第一象限的区域的面积.

2. 求由曲线 $y = -\ln x$ 与 y 轴及 $y = 1$ 所围成的第一象限无界区域的面积.

定积分——二重积分（基础篇）

基础理论

1. 设 $z=f(x,y)$ 是有界闭区域 D 上的有界函数. 将闭区域 D 任意分成 n 个小闭区域 $\Delta\sigma_1,\Delta\sigma_2,\cdots,\Delta\sigma_n$，其中 $\Delta\sigma_i$ 代表第 i 个小闭区域，也表示它的面积. 在每个 $\Delta\sigma_i$ 上任取一点 (ξ_i,η_i)，作乘积 $f(\xi_i,\eta_i)\cdot\Delta\sigma_i(i=1,2,\cdots,n)$，并作和 $\sum_{i=1}^{n}f(\xi_i,\eta_i)\cdot\Delta\sigma_i$，如果当各小区域的直径中的最大值 $\lambda\to 0$ 时，和的极限总存在，且与闭区域 D 的分法及点 (ξ_i,η_i) 的取法无关，此极限称为函数 $f(x,y)$ 在区域 D 上的_____，记作 $\iint\limits_{D}f(x,y)\mathrm{d}\sigma$，即 $\iint\limits_{D}f(x,y)\mathrm{d}\sigma=\lim_{\lambda\to 0}\sum_{i=1}^{n}f(\xi_i,\eta_i)\cdot\Delta\sigma_i$，其中 $f(x,y)$ 为_____，$f(x,y)\mathrm{d}\sigma$ 为被积表达式，$\mathrm{d}\sigma$ 为面积元素，D 为积分区域，x,y 为积分变量，$\sum_{i=1}^{n}f(\xi_i,\eta_i)\cdot\Delta\sigma_i$ 为积分和.

2. 若函数 $f(x,y)$ 在区域 D 上_____，$f(x,y)$ 在区域 D 上的二重积分必定存在.

3. 设 α 与 β 为常数，则 $\iint\limits_{D}[\alpha f(x,y)+\beta g(x,y)]\mathrm{d}\sigma=$_____，此结论称为二重积分的线性性质.

4. 若平面闭区域 D 可以分为两个闭区域 D_1 与 D_2，则 $\iint\limits_{D}f(x,y)\mathrm{d}\sigma=$_____，此结论称为二重积分的区域可加性.

5. 若在 D 上有 $f(x,y)\leqslant g(x,y)$，则有 $\iint\limits_{D}f(x,y)\mathrm{d}\sigma$_____$\iint\limits_{D}g(x,y)\mathrm{d}\sigma$，此结论称为二重积分的保不等式性质.

6. $\left|\iint\limits_{D}f(x,y)\mathrm{d}\sigma\right|$_____$\iint\limits_{D}|f(x,y)|\mathrm{d}\sigma$，此结论称为二重积分的绝对值不等式.

7. 设 M 与 m 分别是 $f(x,y)$ 在 D 上的最大值和最小值，σ 是 D 的面积，则有 _____$\leqslant\iint\limits_{D}f(x,y)\mathrm{d}\sigma\leqslant$_____，此结论称为二重积分的估值不等式.

8. 若 $f(x,y)$ 是闭区域 D 上的连续函数，则在 D 上至少存在一点 (ξ,η)，使得_____，此结论称为二重积分中值定理.

9. 设积分区域 D 关于 x 轴对称，若 $f(x,-y)=-f(x,y)$，则 $\iint\limits_{D}f(x,y)\mathrm{d}\sigma=$_____；若 $f(x,-y)=f(x,y)$，则 $\iint\limits_{D}f(x,y)\mathrm{d}\sigma=2\iint\limits_{D_1}f(x,y)\mathrm{d}\sigma$，其中 D_1 为 D 的对称部分中的一半.

10. 设积分区域 D 关于 y 轴对称，若 $f(-x,y)=-f(x,y)$，则 $\iint\limits_{D}f(x,y)\mathrm{d}\sigma=$_____；若 $f(-x,y)=f(x,y)$，则 $\iint\limits_{D}f(x,y)\mathrm{d}\sigma=2\iint\limits_{D_1}f(x,y)\mathrm{d}\sigma$，其中 D_1 为 D 的对称部分中的一半.

11. 设积分区域 D 关于原点对称，若 $f(-x,-y)=-f(x,y)$，则 $\iint\limits_{D}f(x,y)\mathrm{d}\sigma=$_____；若 $f(-x,-y)=f(x,y)$，则 $\iint\limits_{D}f(x,y)\mathrm{d}\sigma=2\iint\limits_{D_1}f(x,y)\mathrm{d}\sigma$，其中 D_1 为 D 的对称部分中的一半.

12. 若积分区域 D 关于 $y=x$ 对称,则 $\iint\limits_{D} f(x,y)\,\mathrm{d}\sigma =$ _____.

13. 若闭区域 D_1 与 D_2 关于 $y=x$ 对称,则 $\iint\limits_{D_1} f(x,y)\,\mathrm{d}\sigma =$ _____.

14. 如果积分区域 D 为 X-型区域,即 $a \leqslant x \leqslant b, \varphi_1(x) \leqslant y \leqslant \varphi_2(x)$,则二重积分 $\iint\limits_{D} f(x,y)\,\mathrm{d}\sigma = \iint\limits_{D} f(x,y)\,\mathrm{d}x\,\mathrm{d}y = \int_a^b \mathrm{d}x \int_{\varphi_1(x)}^{\varphi_2(x)} f(x,y)\,\mathrm{d}y$,称 $\int_a^b \mathrm{d}x \int_{\varphi_1(x)}^{\varphi_2(x)} f(x,y)\,\mathrm{d}y$ 为先对 y 后对 x 的 _____.

15. 如果积分区域 D 为 Y-型区域,即 $c \leqslant y \leqslant d, \psi_1(y) \leqslant x \leqslant \psi_2(y)$,则二重积分 $\iint\limits_{D} f(x,y)\,\mathrm{d}\sigma = \iint\limits_{D} f(x,y)\,\mathrm{d}x\,\mathrm{d}y = \int_c^d \mathrm{d}y \int_{\psi_1(y)}^{\psi_2(y)} f(x,y)\,\mathrm{d}x$,称 $\int_c^d \mathrm{d}y \int_{\psi_1(y)}^{\psi_2(y)} f(x,y)\,\mathrm{d}x$ 为先对 x 后对 y 的 _____.

基础运算

1. $\int_0^2 \mathrm{d}x \int_0^4 y^3 \mathrm{e}^{2x}\,\mathrm{d}y$.

2. $\int_{\frac{\pi}{6}}^{\frac{\pi}{2}} \mathrm{d}y \int_0^2 \cos y\,\mathrm{d}x$.

定积分——二重积分（提高篇）

一、讨论二重积分 $\iint\limits_{D} \sqrt[3]{1-x^4-y^4}\,dx\,dy$ 的符号，其中 $D: 2 \leqslant x^4+y^4 \leqslant 3$.

二、计算下列二次积分.

1. $\int_1^4 dx \int_0^2 (6x^2y - 2x)\,dy$.

2. $\int_{-3}^3 dy \int_0^2 (y + y^2\cos x)\,dx$.

3. $\int_0^1 dx \int_{2x}^2 (x-y)\,dy$.

4. $\int_0^1 dv \int_0^{e^v} \sqrt{1+e^v}\,dw$.

三、估计二重积分 $I = \iint\limits_{D} \dfrac{dx\,dy}{\sqrt{x^2+4y^2+4xy+9}}$ 的值，其中积分区域 D 为矩形闭区域 $\{(x,y) \mid 0 \leqslant x \leqslant 2,\ 0 \leqslant y \leqslant 1\}$.

四、计算下列二重积分.

1. $\iint\limits_{D} \dfrac{y}{x} dx dy$，其中 D 由 $y=3x, y=x, x=1$ 及 $x=3$ 围成.

2. $\iint\limits_{D} xy^2 dx dy$，其中 D 是由曲线 $x=\sqrt{1-y^2}$ 与 y 轴围成的区域.

五、Ω 是由柱面 $y=x^2$ 与 $y=x$ 围成，上顶为曲面 $z=1+x^2y^2$，下底为 xoy 平面的曲顶柱体，求 Ω 的体积.

六、求下列二次积分.

1. $\int_0^1 dy \int_{3y}^3 e^{x^2} dx$.

2. $\int_0^4 dx \int_{\sqrt{x}}^2 \dfrac{1}{y^3+1} dy$.

学号_____ 姓名_____ 专业_____

定积分——*傅里叶级数（基础篇）

1. 级数 $\dfrac{a_0}{2}+\sum\limits_{n=1}^{\infty}(a_n\cos nx+b_n\sin nx)$ 称为_____，其中的 $1,\cos x,\sin x,\cos 2x,\sin 2x,\cdots$，$\cos nx,\sin nx,\cdots$ 称为三角函数系.

2. 三角函数系中的任意两个不同函数的乘积在 $[-\pi,\pi]$ 上的积分为 0，即

   (1) $\int_{-\pi}^{\pi}\cos nx\,\mathrm{d}x=0,\ n=1,2,3,\cdots$；

   (2) $\int_{-\pi}^{\pi}\sin nx\,\mathrm{d}x=0,\ n=1,2,3,\cdots$；

   (3) $x\sin nx\,\mathrm{d}x=\begin{cases}0,&m\neq n\\ \pi,&m=n\end{cases},\ m,n=1,2,3,\cdots$；

   (4) $\int_{-\pi}^{\pi}\cos mx\cos nx\,\mathrm{d}x=\begin{cases}0,&m\neq n\\ \pi,&m=n\end{cases},\ m,n=1,2,3,\cdots$；

   (5) $\int_{-\pi}^{\pi}\sin mx\cos nx\,\mathrm{d}x=0,\ m,n=1,2,3,\cdots$；

   则称三角函数系在区间 $[-\pi,\pi]$ 上_____.

3. 如果 $f(x)$ 是周期为 2π 的函数，并且 $f(x)=\dfrac{a_0}{2}+\sum\limits_{n=1}^{\infty}(a_n\cos nx+b_n\sin nx)$，则 $a_n=\dfrac{1}{\pi}\int_{-\pi}^{\pi}f(x)\cos nx\,\mathrm{d}x\ (n=0,1,2,\cdots)$，$b_n=\dfrac{1}{\pi}\int_{-\pi}^{\pi}f(x)\sin nx\,\mathrm{d}x\ (n=1,2,3,\cdots)$. 称其为 $f(x)$ 的_____，由这些系数所得的三角级数称为 $f(x)$ 的_____.

4. 设 $f(x)$ 是周期为 2π 的周期函数，如果 $f(x)$ 满足在一个周期内连续，或只有有限个第一类间断点，并且只有有限多极值点，则 $f(x)$ 的傅里叶级数收敛，并有

   (1) 当 x 是 $f(x)$ 的连续点时，级数收敛到_____；

   (2) 当 x 是 $f(x)$ 的间断点时，级数收敛到 $f(x)$ 在该点的左右极限的_____，即 $\dfrac{f(x-0)+f(x+0)}{2}$.

5. 设 $f(x)$ 是周期为 $2l$ 的周期函数. 如果在一个周期内 $f(x)$ 满足狄利克雷收敛定理，则 $f(x)$ 在连续点有以下傅里叶级数展开式 $f(x)=\dfrac{a_0}{2}+\sum\limits_{n=1}^{\infty}\left(a_n\cos\dfrac{n\pi x}{l}+b_n\sin\dfrac{n\pi x}{l}\right)$，其中 $a_n=$_____，$b_n=$_____，$n=1,2,3,\cdots$.

1. 计算以 2π 为周期的函数 $u(t)=\begin{cases}-2,&-\pi\leqslant t<0\\ 3,&0\leqslant t\leqslant\pi\end{cases}$ 的傅里叶系数 a_2,b_3.

· 145 ·

2. 判断以 2π 为周期的函数 $f(x)=\begin{cases}-1, & -\pi<x\leqslant 0,\\ 1+x^2, & 0<x\leqslant\pi\end{cases}$ 是否可以展开成傅里叶级数,说明理由.

3. 计算以 4 为周期的函数 $f(x)=\begin{cases}0, & -2\leqslant x<0,\\ k, & 0\leqslant x<2\end{cases}$ 的傅里叶系数 a_n, b_n.

定积分——*傅里叶级数（提高篇）

一、设 $f(x)$ 是周期为 2π 的函数，在区间 $(-\pi, \pi]$ 上 $f(x)=\begin{cases}-1, & -\pi<x\leq 0, \\ 1+x^2, & 0<x\leq\pi,\end{cases}$ 记 $S(x)$ 是 $f(x)$ 的傅里叶级数的和函数，求 $S(\pi)-S\left(\dfrac{\pi}{2}\right)$.

二、设 $f(x)$ 是周期为 2 的函数，在区间 $(-1, 1]$ 上 $f(x)=\begin{cases}2, & -1<x\leq 0, \\ x^3, & 0<x\leq 1,\end{cases}$ 记 $S(x)$ 是 $f(x)$ 的傅里叶级数的和函数，求 $S(1)+S(2)$.

三、设 $f(x)$ 是周期为 2π 的函数，在区间 $(-\pi, \pi]$ 上 $f(x)=\pi x+x^2$，求 $f(x)$ 的傅里叶级数系数 a_2+b_3.

四、证明：(1) 设 $f(x)$ 是周期为 2π 的连续偶函数，则 $f(x)$ 的傅里叶级数为 $\sum\limits_{n=0}^{\infty} a_n\cos nx$，其中 $a_n=\dfrac{2}{\pi}\int_0^{\pi} f(x)\cos nx\,dx$，$n=0, 1, 2, \cdots$；(2) 设 $f(x)$ 是周期为 2π 的连续奇函数，则 $f(x)$ 的傅里叶级数为 $\sum\limits_{n=1}^{\infty} b_n\sin nx$，其中 $b_n=\dfrac{2}{\pi}\int_0^{\pi} f(x)\sin nx\,dx$，$n=1, 2, \cdots$.

五、完成下列计算.

1. 设 $f(x)$ 是周期为 2π 的函数,在区间 $[-\pi,\pi]$ 上 $f(x)=x^2$,求 $f(x)$ 的傅里叶系数.

2. 求 $f(x)$ 的傅里叶展开式.

六、 设 $f(x)$ 是周期为 2 的函数,在区间 $(-1,1]$ 上 $f(x)=2+|x|$,将 $f(x)$ 展开成傅里叶级数.

学号_____ 姓名_____ 专业_____

定积分——测验卷

一、填空选择题.

1. 设 $I_1 = \int_0^{\frac{\pi}{4}} x \, dx$，$I_2 = \int_0^{\frac{\pi}{4}} \tan x \, dx$，$I_3 = \int_0^{\frac{\pi}{4}} \sin x \, dx$，则（   ）.

   A. $I_1 \geq I_2 \geq I_3$ B. $I_2 \geq I_1 \geq I_3$

   C. $I_3 \geq I_2 \geq I_1$ D. $I_2 \geq I_3 \geq I_1$

2. $\dfrac{d}{dx}\left(\int_0^{4x^3} \sqrt{1+t^2} \, dt \right) = $ _____.

3. 设 $\int_0^x f(t^3) \, dt = x^4$，则 $\int_1^2 f(x) \, dx = $ _____.

4. 设 $f(x)$ 是连续函数，且 $f(x) = \dfrac{1}{\sqrt{1-x^2}} + 2x^3 \int_0^1 f(x) \, dx$，则 $f(x) = $ _____.

5. $\lim\limits_{n \to \infty} \ln \sqrt[n]{\left(1+\dfrac{1}{n}\right)^3 \left(1+\dfrac{2}{n}\right)^3 \cdots \left(1+\dfrac{n}{n}\right)^3} = $ _____.

二、确定 a，b，c 的值，使得 $\lim\limits_{x \to 0} \dfrac{ax - \sin x}{\int_b^x \dfrac{\ln(1+t^3)}{t} dt} = c$，这里 $c \neq 0$.

三、设 $f(x)$ 是连续函数，计算 $\int_{-\frac{\pi}{2}}^{\frac{\pi}{2}} [f(x) - f(-x) + x^2] \cos x \, dx$.

四、 设 $f(x)=\begin{cases} x^2-1, & x\leq 0, \\ e^{-x}, & x>0, \end{cases}$ 求 $\int_0^3 f(x-1)dx$.

五、 计算 $\int_{\sqrt[4]{\frac{1}{3}}}^{\sqrt[4]{3}} \dfrac{x}{\sqrt{1+x^4}}dx$.

六、计算反常积分.

1. $\int_0^1 \dfrac{x\,dx}{(2-x^2)\sqrt{1-x^2}}$.

2. $\int_1^{+\infty} \dfrac{dx}{x(2+x^2)}$.

七、计算二次积分 $\int_{\frac{1}{4}}^{\frac{1}{2}} dx \int_{\frac{1}{2}}^{\sqrt{x}} \sin\frac{\pi x}{2y} dy + \int_{\frac{1}{2}}^{1} dx \int_{x}^{\sqrt{x}} \sin\frac{\pi x}{2y} dy$.

八、计算由平面 $y=-x$，$y=1$，$x=1$，$z=0$ 及曲面 $z=(2x-3y)^2$ 所围成的曲顶柱体的体积.

九、 求曲线 $y=x^2-2x, y=0, x=1$ 及 $x=3$ 所围成的平面图形的面积及此平面图形绕轴旋转一周所得的旋转体的体积.

十、 计算极限 $\lim\limits_{n\to\infty}\int_0^1 \dfrac{\sin^n x}{\sqrt[n]{1+x^2}}\mathrm{d}x$. (提示:利用定积分的保不等式性质)

参 考 答 案

预备知识——解析几何(基础篇)

基础理论

1. $b = |b|e_b$. 2. $\lambda, b = \lambda c$. 3. x, y, z, xOy 面,yOz 面,xOz 面,八. 4. (1) $a_i = b_i (i = x, y, z)$; (2) $\sqrt{a_x^2 + a_y^2 + a_z^2}$; (3) $(a_x + b_x, a_y + b_y, a_z + b_z)$; (4) $\sqrt{(x_2-x_1)^2 + (y_2-y_1)^2 + (z_2-z_1)^2}$; (5) $(\lambda b_x, \lambda b_y, \lambda b_z)$; (6) $\dfrac{b_x}{a_x} = \dfrac{b_y}{a_y} = \dfrac{b_z}{a_z}$; (7) $a_xb_x + a_yb_y + a_zb_z$;

(8) $\dfrac{a_xb_x + a_yb_y + a_zb_z}{\sqrt{a_x^2+a_y^2+a_z^2}\sqrt{b_x^2+b_y^2+b_z^2}}$; (9) $a_xb_x + a_yb_y + a_zb_z = 0$. 5. $F(x, y, z) = 0$, $\begin{cases} x = x(u, v), \\ y = y(u, v), \\ z = z(u, v). \end{cases}$ 6. $\begin{cases} F(x, y, z) = 0, \\ G(x, y, z) = 0, \end{cases}$

$\begin{cases} x = x(t), \\ y = y(t), \\ z = z(t). \end{cases}$ 7. $A(x-x_0) + B(y-y_0) + C(z-z_0) = 0$,法向量. 8. $\dfrac{x-x_0}{m} = \dfrac{y-y_0}{n} = \dfrac{z-z_0}{p}$,方向向量, $\begin{cases} x = x_0 + mt, \\ y = y_0 + nt, \\ z = z_0 + pt. \end{cases}$ 9. (1) $s_1 // s_2$;

(2) $s_1 \perp s_2$. 10. (1) $n_1 // n_2$; (2) $n_1 \perp n_2$. 11. (1) $s \perp n$; (2) $s // n$.

基础运算

1. Ⅷ,$(5, 2, -3), (-5, -2, 3), (-5, 2, 3)$. 2. $-3i + 16j$. 3. $2, \sqrt{38}, \dfrac{2}{\sqrt{102}}$. 4. 略. 5. $3x + y + z - 5 = 0$. 6. $x + 2 = y = 3 - z$.

预备知识——解析几何(提高篇)

一、1. $2\sqrt{7}$. 2. $-\dfrac{27}{2}$. 3. $\dfrac{13}{3}$. 4. 10. 5. $(1, -3, 0)$.

二、$(19, 14, -15)$.

三、$x + 3y - z - 9 = 0$.

四、(1) $(-6, -5, 9)$; (2) $\dfrac{x-1}{1} = \dfrac{y-2}{1} = \dfrac{z-2}{-1}$.

五、$\dfrac{\sqrt{6}}{5}$.

六、略.

七、曲线方程:$\begin{cases} x = \dfrac{1}{2} + \dfrac{1}{2}\cos\theta, \\ y = \dfrac{1}{2}\sin\theta, \\ z = \dfrac{1}{2} - \dfrac{1}{2}\cos\theta, \end{cases}$ $0 \leqslant \theta \leqslant 2\pi$.

*八、$f(\pm\sqrt{x^2+y^2}, z) = 0$.

预备知识——函数的概念(基础篇)

基础理论

1. $a \in A, a \notin A$. 2. 列举法,描述法. 3. $U(a, \delta), \mathring{U}(a, \delta)$. 4. $A \subset B, B \supset A$. 5. $A = B$. 6. $\varnothing$. 7. $A \cap B, A \cap B$.
8. $A \cup B, A \cup B$. 9. $A \backslash B, A \backslash B$. 10. A^C,全集. 11. $(A \cap B)^C = A^C \cup B^C, (A \cup B)^C = A^C \cap B^C$. 12. 定义域,值域,自变量,因变量. 13. 无界. 14. 增函数,单调递减. 15. 偶函数,奇函数. 16. 最小正周期. 17. (1) $f(x) \pm g(x)$; (2) $f(x) \cdot g(x)$;
(3) $\dfrac{f(x)}{g(x)}$. 18. 反函数,$x = f^{-1}(y)$. 19. 复合函数,u.

预备知识——函数的概念(提高篇)

一、$A \cap B = \left(\dfrac{4}{5}, 2\right], A \cup B = [0, +\infty), A \backslash B = (2, +\infty), A^C \cap B = \left[0, \dfrac{4}{5}\right]$.

二、$k \leqslant -\frac{1}{2}$.

三、$\varnothing$,$\{4\}$,$\{8\}$.

四、$f(8) > f\left(\frac{37}{3}\right) > f(-9.5)$.

五、$\left(\frac{7}{4}, 2\right)$.

六、略.

七、1. A. 2. C.

八、$y = e^{2(x+1)}$.

九、$y = e^u$,$u = v^2$,$v = \sin w$,$w = \ln t$,$t = x+5$.

十、0.

预备知识——初等函数(基础篇)

基础理论

1. 幂函数. 2. x^k,x^{r+s}. 3. 指数函数,$(-\infty, +\infty)$,单调增加,单调减少. 4. 对数函数,$(0, +\infty)$,单调增加,单调减少,$y = \ln x$,$y = \lg x$. 5. (1) 1;(2) 0;(3) $\log_a(m \cdot n)$;(4) $\log_a \frac{m}{n}$;(5) 换底;(6) 1;(7) $\frac{n}{m}\log_a b$. 6. $(-\infty, +\infty)$,1,-1,2π,增函数.

7. $(-\infty, +\infty)$,1,-1,2π,减函数. 8. π,增函数. 9. π,减函数. 10. 正割,余割. 11. $[-1, 1]$,$\left[-\frac{\pi}{2}, \frac{\pi}{2}\right]$. 12. $[-1, 1]$,$[0, \pi]$. 13. $(-\infty, +\infty)$,$\left(-\frac{\pi}{2}, \frac{\pi}{2}\right)$. 14. $(-\infty, +\infty)$,$(0, \pi)$. 15. 幂函数,指数函数,对数函数,三角函数,反三角函数.

16. 四则运算,复合运算. 17. 定义域,自变量,因变量,值域. 18. 图象.

预备知识——初等函数(提高篇)

一、1. B. 2. 1.

二、1. $\frac{43}{8}$. 2. $-\frac{3\sqrt{3}}{4}$.

三、1. $\left[\frac{4}{3}, 2\right]$. 2. $(-\infty, -2) \cup \left(-2, -\frac{3}{4}\right] \cup [2, +\infty)$.

四、$[-3, 1]$.

五、$\left(-\infty, -\frac{1}{3}\right) \cup \left(\frac{1}{2}, +\infty\right)$.

六、$\frac{16}{63}$.

七、1,$\{(x, y) | x > 0 \text{ 且 } y < x \text{ 且 } x^2 + y^2 < 1\}$,图略.

预备知识——测验卷

一、1. $5x - 22y + 4z - 6 = 0$. 2. $\begin{cases} x = 3 + 2t, \\ y = -2 - t, \\ z = 6 - 3t. \end{cases}$ 3. $(2, 3, -11)$. 4. $(2, -1, 10)$. 5. 8. 6. $(1, 0, 1)$,$\sqrt{2}$. 7. $\frac{\pi}{3}$. 8. C.

二、1. $\frac{20}{27}$. 2. $\sqrt{13}$.

三、$\begin{cases} x = -1 + \frac{3\sqrt{5}}{2}\cos\theta, \\ y = \frac{1}{2} + \frac{3\sqrt{5}}{2}\sin\theta, \\ z = \frac{25}{2} - 3\sqrt{5}\cos\theta + \frac{3\sqrt{5}}{2}\sin\theta. \end{cases}$

四、略.

五、$14x + 10y + 2z + 9 = 0$.

六、$\begin{cases} x - 3y - 2z + 1 = 0, \\ x - y + 2z - 1 = 0. \end{cases}$

七、(1) $\begin{cases} x = r\cos\theta, \\ y = r\sin\theta; \end{cases}$ (2) $r^2 = 4\cos 2\theta$,$-\frac{\pi}{4} \leqslant \theta \leqslant \frac{\pi}{4}$ 或 $\frac{3\pi}{4} \leqslant \theta \leqslant \frac{5\pi}{4}$.

八、$\frac{x+2}{x^2(1+x^2)} = \frac{1}{x} + \frac{2}{x^2} - \frac{x+2}{1+x^2}$.

九、(1) $\frac{1}{4}(\sin 2x+\sin 4x-\sin 6x)$；(2) $\frac{3}{4}+\frac{1}{4}\cos 4x$.

极限与连续——函数极限(基础篇)

基础理论

1. 极限，$\lim_{n\to\infty}x_n=a$，$x_n\to a(n\to\infty)$，收敛，发散． 2. 极限，$\lim f(x)=A$，$f(x)\to A(x\to\infty)$． 3. 极限，$\lim f(x)=A$，$f(x)\to A(x\to x_0)$． 4. $\lim_{x\to x_0^-}f(x)=c$，$\lim_{x\to x_0^+}f(x)=c$． 5. 存在且相等． 6. (1) 如果$\lim_{x\to x_0}f(x)$存在，那么此极限唯一；(2) 如果$\lim_{x\to x_0}f(x)=A$，则一定可以找到正数M及以x_0为中心的对称开区间使得对应函数值都满足$|f(x)|\leqslant M$；(3) 如果$\lim_{x\to x_0}f(x)=A$，且$A>0$(或者$A<0$)，那么存在以x_0为中心的对称开区间使得对应函数值都满足$f(x)>0$(或者$f(x)<0$)；(4) 设$\{x_n\}$是当$n\to\infty$极限为a的数列，且$\lim_{x\to a}f(x)=A$，则$\lim_{n\to\infty}f(x_n)=A$． 7. 该点的函数值．

基础运算

1. (1) 收敛；(2) 收敛；(3) 收敛；(4) 发散；(5) 收敛；(6) 收敛． 2. (1) 两，$y=-\frac{\pi}{2}$，$y=\frac{\pi}{2}$；(2) $y=-1$． 3. (1) 不存在；(2) 1；(3) 0. 理由略． 4. (2)、(5)、(6)成立，(1)、(3)、(4)不成立，理由略．

极限与连续——函数极限(提高篇)

一、1. $\lim_{n\to\infty}x_n=-1$． 2. 发散． 3. 0. 4. 发散．

二、无法确定，理由略．

三、$\lim_{x\to 0^-}f(x)=2$，$\lim_{x\to 0}f(x)$不存在，理由略．

四、$\lim_{x\to 0^-}f(x)=-3$，$\lim_{x\to 0}f(x)=-3$，理由略．

五、略．

六、(1) $\lim_{x\to 2^+}f(x)=1$，$\lim_{x\to 2^-}f(x)=1$. (2) $\lim_{x\to 2}f(x)=1$. (3) $\lim_{x\to 1^+}f(x)=2$，$\lim_{x\to 1^-}f(x)=2$. (4) $\lim_{x\to 1}f(x)=2$.

*七、略．

*八、略．

极限与连续——无穷小与无穷大(基础篇)

基础理论

1. 无穷小． 2. 一个无穷小，$\lim_{x\to x_0}f(x)=A\Leftrightarrow f(x)=A+\alpha$，$\alpha$，无穷小． 3. 无穷小，无穷小． 4. 无穷小，无穷小． 5. 无穷大，$\lim_{x\to x_0}f(x)=\infty$． 6. $\lim_{x\to x_0}f(x)=+\infty$，$\lim_{x\to x_0}f(x)=-\infty$． 7. 铅直渐近线，铅直渐近线．

基础运算

1. C． 2. D． 3. 图略，水平渐近线$y=-1$，铅直渐近线$x=-1$． 4. 略．

极限与连续——无穷小与无穷大(提高篇)

一、(1) 是无穷小，理由略；(2) 是无穷大，理由略；(3) 是无穷大，理由略；(4) 既非无穷小又非无穷大，理由略；(5) 是无穷小，理由略；(6) 既非无穷小又非无穷大，理由略．

二、1. 错误． 2. 错误． 3. 正确．

三、(1) $x\to 2$时函数是无穷大，$x=2$是函数图象的铅直渐近线；(2) $x\to -2$时函数不是无穷大；(3) $x\to 0$时函数不是无穷大；(4) $x\to\infty$时函数不是无穷大．

四、略．

极限与连续——极限的运算法则(基础篇)

基础理论

1. (1) $\lim f(x)\pm\lim g(x)=A\pm B$；(2) $\lim f(x)\cdot\lim g(x)=A\cdot B$；(3) $\frac{\lim f(x)}{\lim g(x)}=\frac{A}{B}$． 2. (1) $A\pm B$；(2) $A\cdot B$；(3) $\frac{A}{B}$.

3. $A\geqslant B$． 4. $P(x_0)$． 5. $f(x_0)$． 6. ∞． 7. $\frac{a_n}{b_m}$，0，∞． 8. $\lim_{u\to u_0}f[u]=A$． 9. a^b． 10. A． 11. a． 12. 收敛． 13. 收敛．

基础运算

1. $\frac{1}{2}$． 2. ∞． 3. 1． 4. 1． 5. 1． 6. 1． 7. $\frac{1}{2}$． 8. 1． 9. 1． 10. e．

极限与连续——极限的运算法则(提高篇)(1)

一、$\lim_{x\to 1^-}f(x)=0$，$\lim_{x\to 1^+}f(x)=1$，$\lim_{x\to 1}f(x)$不存在，$\lim_{x\to 2^-}f(x)=2e-1$.

155

二、1. 1. 2. $\dfrac{2}{\sqrt{5}}$. 3. $\sqrt{2}$. 4. 1. 5. -1. 6. $\dfrac{5}{3}$. 7. $-\dfrac{1}{2}$. 8. 不存在.

三、$y=0$ 是曲线的水平渐近线,$x=0$ 是曲线的铅直渐近线.

四、1. 4. 2. $\dfrac{1}{3}$.

五、$-\dfrac{5}{32}$.

极限与连续——极限的运算法则(提高篇)(2)

一、1. $\dfrac{12}{5}$. 2. $\dfrac{3}{2}$. 3. e^{-6}. 4. e. 5. $\dfrac{5}{2}$. 6. e^{-35}. 7. $-\dfrac{5}{3}$. 8. $\dfrac{1}{2}$.

二、$e^{-5}+\dfrac{2}{3}$.

三、3.

四、4.

五、$\dfrac{1}{3}$.

六、$\dfrac{29}{2}$.

极限与连续——无穷小的比较(基础篇)

基础理论

1. (1) 高阶,$\beta=o(\alpha)$;(2) 低阶;(3) 同阶;(4) 等价,$\alpha\sim\beta$;(5) k 阶. 2. $\lim\dfrac{\tilde{\beta}}{\tilde{\alpha}}$.

基础运算

1. (1) x;(2) x;(3) $\dfrac{x^2}{2}$;(4) x;(5) x;(6) x;(7) $x\ln a$;(8) x;(9) ax. 2. (1) $\dfrac{3}{n}$;(2) $\dfrac{2}{n^4}$;(3) $\dfrac{1}{n^3}$;(4) $\dfrac{4}{3n}$;(5) $-\dfrac{1}{n}$;(6) $\dfrac{8}{n}$;(7) $\dfrac{11}{2n^5}$;(8) $\dfrac{2\ln 3}{n}$;(9) $\dfrac{7}{n^2}$. 3. (1) $\omega(x)$;(2) $\omega(x)$;(3) $\dfrac{\omega^2(x)}{2}$;(4) $\omega(x)$;(5) $\omega(x)$;(6) $a\omega(x)$;(7) $\omega(x)$;(8) $\omega(x)$;(9) $\omega(x)\ln a$. 4. 同阶. 5. 略. 6. 略.

极限与连续——无穷小的比较(提高篇)

一、(1) $\dfrac{1}{2}x^{\frac{8}{3}},\dfrac{8}{3}$;(2) $\dfrac{1}{2}x^{\frac{1}{5}},\dfrac{1}{5}$;(3) $3x^4,4$;(4) $x^3,3$;(5) $x^{\frac{3}{4}},\dfrac{3}{4}$;(6) $\dfrac{1}{5}x^6,6$;(7) $3\sqrt{x},\dfrac{1}{2}$;(8) $x\sqrt{x}\ln a,\dfrac{3}{2}$;(9) $5x^2,2$;(10) $3x,1$;(2)、(7)、(5)、(10)、(8)、(9)、(1)、(4)、(3)、(6).

二、1. $\dfrac{1}{6}$. 2. $\dfrac{1}{2}$. 3. 1. 4. $\dfrac{2}{3}$. 5. $-\dfrac{1}{2}$. 6. 0.

三、1. 8. 2. 12.

四、$\left(\dfrac{8}{5},5\right)$.

极限与连续——函数的连续性(基础篇)

基础理论

1. 连续,连续点,间断,间断点. 2. 左连续,右连续. 3. 连续,连续. 4. 连续. 5. $\lim\limits_{x\to x_0}f(x)$. 6. 连续. 7. 连续. 8. 连续. 9. 可去间断点,跳跃间断点. 10. 第一类间断点,第二类间断点. 11. $f(c)=0$. 12. 最值. 13. 介值.

基础运算

1. $x=0$,跳跃间断点;$x=1$,可去间断点;$x=2$,可去间断点;$x=3$,可去间断点. 2. (1) $\{x\mid x\neq-2\text{且}x\neq 5\}$;(2) $\{x\mid x\neq 2k+1,k\in\mathbf{Z}\}$;(3) $\left\{x\mid x\geqslant-\dfrac{2}{3}\right\}$. 3. 略.

极限与连续——函数的连续性(提高篇)

一、$x=-1$ 是可去间断点,补充定义:$f(-1)=0$,$x=0$ 是跳跃间断点,$x=1$ 是跳跃间断点.

二、1. $x\neq k\pi+\dfrac{\pi}{2}(k\in\mathbf{Z})$,$x=0$ 是可去间断点. 2. $\left[\dfrac{1}{3},1\right]$.

三、1. 0. 2. $a^c\ln a$. 3. $e^{\frac{15}{4}}$. 4. e^{-1}.

156

四、$4\ln 3$.

五、$f(x)=\begin{cases} x^2-x, & |x|<1, \\ \dfrac{1}{x}, & |x|>1, \\ \dfrac{1}{2}, & x=\pm 1. \end{cases}$

六、略.

极限与连续——重极限(基础篇)

基础理论

1. $\lim\limits_{(x,y)\to(x_0,y_0)} f(x,y)=A$. 2. 不存在. 3. 四则运算法则,换元法,夹逼准则. 4. 连续,间断点. 5. 连续,连续函数. 6. 定义区域. 7. 最值,介值.

基础运算

1. 略. 2. 略. 3. (1) $\dfrac{7}{3}$;(2) 3;(3) $\dfrac{25}{6}$;(4) $-e^{-1}$. 4. 不连续.

极限与连续——重极限(提高篇)

一、略.

二、略.

三、1. e. 2. 0. 3. 2.

四、略.

五、不连续.

六、略.

七、略.

极限与连续——级数(基础篇)

基础理论

1. (常数项)无穷级数,(常数项)级数,一般项. 2. 部分和数列,收敛的,和,发散的. 3. 收敛. 4. 发散. 5. 收敛,发散. 6. 有限项. 7. 收敛. 8. 发散. 9. 0. 10. 正项级数. 11. 有界. 12. (1) 收敛;(2) 发散. 13. 收敛,发散. 14. (1) 收敛;(2) 发散. 15. (1) 发散;(2) 收敛. 16. (1) $u_n \geqslant u_{n+1}(n=1,2,3,\cdots)$;(2) $\lim\limits_{n\to\infty} u_n=0$. 17. 收敛. *18. 收敛区间,收敛半径.

*19. $\begin{cases} \dfrac{1}{\rho}, & \rho\neq 0, \\ +\infty, & \rho=0, \\ 0, & \rho=+\infty. \end{cases}$

极限与连续——级数(提高篇)

一、1. 发散. 2. 发散. 3. 收敛.

二、1. $\dfrac{e}{e-1}$. 2. -2.

三、1. 收敛,和为 $\dfrac{\sqrt{3}}{\sqrt{3}-1}$. 2. 发散. 3. 发散. 4. 发散.

四、(1) 发散;(2) 发散;(3) 发散;(4) 收敛;(5) 收敛;(6) 收敛.

五、1. $|x|>1$ 时收敛,和为 $\dfrac{1}{1+x^{-2}}$,$|x|\leqslant 1$ 时发散. 2. $|x-1|<1$ 时收敛,和为 $\dfrac{1}{2-x}$,$|x-1|\geqslant 1$ 时发散. 3. $|x+2|<4$ 时收敛,和为 $\dfrac{4}{x+6}$,$|x+2|\geqslant 4$ 时发散.

极限与连续——测验卷

一、1. C. 2. A. 3. 2. 4. (1) 发散;(2) 发散;(3) 收敛. 5. $\left(\dfrac{3}{4},\dfrac{5}{2}\right)$. 6. D. 7. 21.

二、1. 不存在. 2. 0. 3. $\dfrac{1}{2}$. 4. 2.

三、$a=25$,$b=20$.

四、$x=0$ 是跳跃间断点,$x=1$、$x=-\dfrac{\pi}{2}$、$x=\dfrac{\pi}{2}$ 是无穷间断点.

五、$\frac{1}{3}$.

六、$y=2$ 是水平渐近线，$x=0$ 是铅直渐近线，$x=5$ 是铅直渐近线.

七、$a=1$，$b=-\frac{3}{2}$.

八、连续.

导数与微分——导数的概念（基础篇）

基础理论

1. 导数，$f'(x_0)$. 2. $f(x_0+\Delta x)-f(x_0)$. 3. 切线斜率，$f(x)-f(x_0)=f'(x_0)(x-x_0)$. 4. $f(x)-f(x_0)=\frac{-1}{f'(x_0)}(x-x_0)$，$x=x_0$. 5. 右导数，左导数，$f'_+(x_0)$，$f'_-(x_0)$. 6. 相等. 7. 可导，可导. 8. 连续.

基础运算

1. (1) 0；(2) $\lambda x^{\lambda-1}$；(3) $a^x \ln a$；(4) $\frac{1}{x\ln a}$；(5) e^x；(6) $\frac{1}{x}$；(7) $\cos x$；(8) $-\sin x$. 2. (1) 10；(2) 5. 3. $-3f'(2)$. 4. 切线方程：$2x-3y+10=0$，法线方程：$3x+2y-11=0$. 5. $a=0$，$b=1$.

导数与微分——导数的概念（提高篇）

一、略.

二、1. $2f(x_0)f'(x_0)$. 2. $\frac{1}{2}f'(0)$. 3. -10.

三、切线方程：$x+16y-27=0$，法线方程：$y=16x-\frac{93}{2}$.

四、e^{-1}.

五、$\alpha>0$ 时连续，$\alpha>1$ 时可导.

导数与微分——求导法则（基础篇）

基础理论

1. (1) $u'\pm v'$；(2) $u'v+uv'$；(3) $\frac{u'v-uv'}{v^2}$；(4) $\frac{-v'}{v^2}$；(5) cu'. 2. $\frac{1}{\frac{dy}{dx}}$. 3. $\varphi'(x)$，$\frac{dy}{du}$. 4. $\frac{du}{dv}$，$f'(u)$，$\phi'(x)$. 5. $f''(x)$，$\frac{d^2y}{dx^2}$.

6. 高阶导数. 7. (1) $u^{(n)}\pm v^{(n)}$；(2) $cu^{(n)}$.

基础运算

1. (1) $\sec^2 x$；(2) $-\csc^2 x$；(3) $\sec x \tan x$；(4) $-\csc x \cot x$；(5) $\frac{1}{\sqrt{1-x^2}}$；(6) $-\frac{1}{\sqrt{1-x^2}}$；(7) $\frac{1}{1+x^2}$；(8) $-\frac{1}{1+x^2}$. 2. (1) $m(m-1)\cdots(m-n+1)x^{m-n}$；(2) e^x；(3) $a^x \ln^n a$；(4) $\frac{(-1)^{n-1}\cdot(n-1)!}{x^n}$；(5) $\frac{(-1)^{n-1}\cdot(n-1)!}{x^n \ln a}$；(6) $\sin\left(x+\frac{n\pi}{2}\right)$；(7) $\cos\left(x+\frac{n\pi}{2}\right)$.

3. 不存在. 4. $-\frac{7}{4}$. 5. $\frac{2(1-\ln x)}{x^2}$.

导数与微分——求导法则（提高篇）

一、1. -9；2. $-\frac{1}{4}$；3. $-\frac{41}{4}$；4. $-\frac{34}{3}$；5. $\frac{1}{2}$；6. -1；7. $-\frac{5}{27}$.

二、1. $y''=-\frac{1}{4}x^{-\frac{3}{2}}+\frac{3}{4}x^{-\frac{5}{2}}$. 2. $y''=-2\sec^4 x - 4\sec^2 x \tan^2 x$. 3. $y''=20x^3-8$. 4. $y''=e^{\frac{1}{x}}\left(2-\frac{2}{x}+\frac{1}{x^2}\right)$.

三、略.

四、$[\ln(ax+b)]^{(n)}=\frac{(-1)^{n-1}(n-1)!\,a^n}{(ax+b)^n}$，$y^{(n)}=\frac{(-1)^{n-1}(n-1)!}{(x+2)^n}+\frac{(-1)^{n-1}(n-1)!\,2^n}{(2x-3)^n}$.

导数与微分——隐函数求导（基础篇）

基础理论

1. $F(x,y)=0$. 2. 显化. 3. $y'(x)$. 4. 对数求导法. 5. 参数方程. 6. $\psi'(t)$，$\frac{dx}{dt}$.

基础运算

1. (1) $y'=\frac{y}{y-x}$；(2) $y'=\frac{y\ln y}{y-x}$. 2. $y'=\frac{\sqrt{2x+1}(x+5)^3}{\sqrt[3]{(x^2-1)^2}}\left[\frac{1}{2x+1}+\frac{3}{x+5}-\frac{4x}{3(x^2-1)}\right]$. 3. (1) $\frac{dy}{dx}=\frac{3bt}{2a}$；(2) $\frac{dy}{dx}=$

$\frac{\cos\theta-\theta\sin\theta}{1-\sin\theta-\theta\cos\theta}$. **4.** $8x+15y+36=0$. **5.** $\sqrt{2}(x+y)=a$.

导数与微分——隐函数求导(提高篇)

一、**1.** $-\frac{ye^{xy}+\sin x}{\csc^2 y+xe^{xy}}$. **2.** $\frac{3x^2-2xy-1}{1+x^2}$.

二、(1) 略;(2) 切线方程:$y=2\pi(x-1)$,法线方程:$y=-\frac{x-1}{2\pi}$.

三、**1.** $\frac{dy}{dx}=\cot t$. **2.** $\frac{dy}{dx}=\frac{2t+1}{3t^2-2}$.

四、**1.** $y'=\frac{\sqrt[3]{7+x}(2x+1)^4}{\sqrt[5]{(x^2-1)^2}}\left[\frac{1}{3(x+7)}+\frac{8}{2x+1}-\frac{4x}{5(x^2-1)}\right]$. **2.** $y'=\left(\frac{1-x}{1+x}\right)^{\sin x}\left[\cos x\ln\left(\frac{1-x}{1+x}\right)+\frac{2\sin x}{x^2-1}\right]$.

*五、$\frac{1}{4}$.

*六、$\frac{d^2y}{dx^2}=\frac{1+t^2}{4t}$.

导数与微分——微分(基础篇)

基础理论

1. 微分,$A\Delta x$. **2.** $f'(x)dx$.

基础运算

1. (1) 0; (2) $\mu x^{\mu-1}dx$; (3) $\cos x\,dx$; (4) $-\sin x\,dx$; (5) $\sec^2 x\,dx$; (6) $-\csc^2 x\,dx$; (7) $\sec x\tan x\,dx$; (8) $-\csc x\cot x\,dx$;
(9) $a^x\ln a\,dx$; (10) $e^x dx$; (11) $\frac{1}{x\ln a}dx$; (12) $\frac{1}{x}dx$; (13) $\frac{1}{\sqrt{1-x^2}}dx$; (14) $-\frac{1}{\sqrt{1-x^2}}dx$; (15) $\frac{1}{1+x^2}dx$; (16) $-\frac{1}{1+x^2}dx$.

2. (1) $du\pm dv$; (2) $vdu+udv$; (3) cdu; (4) $\frac{vdu-udv}{v^2}$; (5) $f'(u),g'(x)$.

3. $\Delta y=0.0302,dy=0.03,\Delta y-dy=0.0002$. **4.** (1) $dy=\left(-\frac{1}{x^2}+\frac{1}{\sqrt{x}}\right)dx$; (2) $dy=(\sin 2x+2x\cos 2x)dx$; (3) $dy=\frac{dx}{\sqrt{(x^2+1)^3}}$;
(4) $dy=\frac{2\ln(1-x)}{x-1}dx$.

5. $\ln 1.01\approx 0.01$.

导数与微分——微分(提高篇)

一、D.

二、**1.** $dy=2xe^{x^2}\sec e^{x^2}\tan e^{x^2}dx$. **2.** $dy=\frac{dx}{(1+x)^2}$. **3.** $dy=-e^{-x}[\cos x+\sin x]dx$. **4.** $dy=(1+x)^{x^3}\left[3x^2\ln(1+x)+\frac{x^3}{1+x}\right]dx$.

5. $dy=\frac{dx}{\sqrt{1+x^2}}$. **6.** $dy=\frac{2xe^{x^2}}{1+e^{x^2}}dx$.

三、$dy=\frac{6x^{\frac{1}{2}}-y^2}{2xy-1}dx$.

四、(1) $8x+C$; (2) $\frac{5x^2}{2}+C$; (3) $-\cot x+C$; (4) $\operatorname{arccot} x+C$; (5) $\frac{1}{3}\sin 3x+C$; (6) $\ln(2+x)+C$; (7) $-\frac{1}{2}e^{-2x}+C$; (8) $3x^{\frac{1}{3}}+C$;
(9) $\frac{1}{2}e^{x^2}+C$; *(10) $\tan(x+1)+C$.

五、(1) 略;(2) $y=3x$.

六、$dy=\left[2xf\left(\frac{1}{x}\right)-f'\left(\frac{1}{x}\right)\right]dx,\frac{d^2y}{dx^2}=2f\left(\frac{1}{x}\right)-\frac{2}{x}f'\left(\frac{1}{x}\right)+\frac{1}{x^2}f''\left(\frac{1}{x}\right)$.

导数与微分——偏导数与全微分(基础篇)

基础理论

1. 偏导数. **2.** $f(x_0,y_0+\Delta y)-f(x_0,y_0)$. **3.** 偏导函数. **4.** 斜率,$x=x_0$.

5. $\frac{\partial^2 z}{\partial x^2},\frac{\partial^2 z}{\partial y^2},\frac{\partial^2 z}{\partial x\partial y},\frac{\partial^2 z}{\partial y\partial x}$. **6.** 高阶偏导数. **7.** 连续. **8.** 全微分. **9.** 一定. **10.** $\frac{\partial z}{\partial x}dx+\frac{\partial z}{\partial y}dy$. **11.** 可微.

基础运算

1. D. **2.** B. **3.** A.

导数与微分——偏导数与全微分(提高篇)

一、1. $f_x=-3\sin(6x-2y^2)$, $f_y=2y\sin(6x-2y^2)$. 2. $f_x=0$, $f_y=e$.

二、1. $f_x=1$, $f_y=-\dfrac{y}{\sqrt{y^2-z^3}}$, $f_z=\dfrac{3z^2}{2\sqrt{y^2-z^3}}$. 2. $f_x=\dfrac{1}{x+2y-3z}$, $f_y=\dfrac{2}{x+2y-3z}$, $f_z=\dfrac{-3}{x+2y-3z}$. 3. $f_x=\dfrac{yz}{x}$, $f_y=z\ln(xy)+z$, $f_z=y\ln(xy)$. 4. $f_x=\sec(x+yz)\tan(x+yz)$, $f_y=z\sec(x+yz)\tan(x+yz)$, $f_z=y\sec(x+yz)\tan(x+yz)$.

三、略.

四、0.

五、1. $\mathrm{d}z|_{(3,2)}=3\mathrm{d}x-6\mathrm{d}y$. 2. $\mathrm{d}f|_{(1,1,0)}=\mathrm{d}x+\mathrm{d}y-\mathrm{d}z$.

六、略.

导数与微分——测验卷

一、1. (1) T; (2) F; (3) T; (4) T. 2. D. 3. $-\dfrac{1}{2}$. 4. $0,\dfrac{5}{2}$. 5. D. 6. 3e. 7. B. 8. A.

二、$x-2y+2=0$.

三、0.

四、$\mathrm{d}z=3\mathrm{d}x+8\mathrm{d}y$.

五、1.

六、$f'''(x)=(12+8x)\mathrm{e}^{2x}$.

七、$\mathrm{d}u=\mathrm{e}^{z+\frac{x}{y}}\left(\dfrac{1}{y}\mathrm{d}x-\dfrac{x}{y^2}\mathrm{d}y+\mathrm{d}z\right)$.

八、$u(x,y)=x^3y+(x-1)\mathrm{e}^x+\sin y-y\cos y$.

九、不连续,$f_x(0,0)=0$, $f_y(0,0)=-1$,不可微.

导数的应用——*微分中值定理(基础篇)

基础理论

1. $f'(x_0)=0$. 2. 驻点. 3. (1) 连续；(2) 可导；(3) $f'(\xi)=0$. 4. (1) 连续；(2) 可导；(3) $f'(\xi)(b-a)$. 5. 常值. 6. (1) 连续；(2) 可导；(3) $\dfrac{f'(\xi)}{F'(\xi)}$.

基础运算

略.

导数的应用——*微分中值定理(提高篇)

一、略.

二、略.

三、3个实根,分别位于区间$(-4,-2)$,$(-2,1)$及$(1,3)$.

四、$f'(0)>f(1)-f(0)>f'(1)$.

五、略.

*六、略.

导数的应用——洛必达法则(基础篇)

基础理论

1. 0. 2. ∞. 3. $\lim\limits_{x\to a}\dfrac{f'(x)}{g'(x)}$. 4. ∞, $\lim\limits_{x\to a}\dfrac{f'(x)}{g'(x)}$.

基础运算

1. (1) 低阶；(2) 高阶；(3) 同阶. 2. (1) 0,高阶；(2) 0,低阶. 3. (1) $\dfrac{5}{3}$；(2) $\dfrac{1}{6}$；(3) ∞；(4) 8；(5) $-\dfrac{1}{4}$；(6) 0.

导数的应用——洛必达法则(提高篇)

一、1. 错误. 2. 错误. 3. 错误.

二、$k=3$.

三、1. $-\dfrac{4}{\pi^2}$. 2. 1. 3. $\dfrac{1}{3}$. 4. 1.

四、$a=2$, $b=3$.

导数的应用——函数的单调性(基础篇)

基础理论

(1) $f'(x)>0$; (2) $f'(x)<0$.

基础运算

1. (1) 函数在 $\left(-\infty, \dfrac{5}{2}\right)$ 单调递增,在 $\left(\dfrac{5}{2}, +\infty\right)$ 单调递减;
   (2) 函数在 $(-\infty, -1)$ 单调递增,在 $(-1, 0)$ 单调递减,在 $(0, +\infty)$ 单调递增;
   (3) 函数在 $(-\infty, -3)$ 单调递增,在 $(-3, 1)$ 单调递减,在 $(1, +\infty)$ 单调递增.

2. (1) 函数在 $(-\infty, -5)$ 单调递增,在 $(-5, 3)$ 单调递减,在 $(3, +\infty)$ 单调递增;
   (2) 函数在 $(-\infty, -2)$ 单调递减,在 $\left(-2, \dfrac{4}{3}\right)$ 单调递增,在 $\left(\dfrac{4}{3}, +\infty\right)$ 单调递减;
   (3) 函数在 $\left(-\dfrac{1}{2}, +\infty\right)$ 单调递增;
   (4) 函数在 $(0, 1)$ 单调递减,在 $(1, +\infty)$ 单调递增.

3. 略.

导数的应用——函数的单调性(提高篇)

一、D.

二、1. 单调增区间 $(-\infty, -2)$,$(0, +\infty)$,单调减区间 $(-2, 0)$.   2. 单调增区间 $(3, +\infty)$,单调减区间 $(-\infty, 3)$.

三、1. 单调增区间 $(-2, 0)$,$(2, +\infty)$,单调减区间 $(-\infty, -2)$,$(0, 2)$.   2. 单调增区间 $(-\infty, -1)$,$(1, +\infty)$,单调减区间 $\left(-1, -\dfrac{\sqrt{3}}{3}\right)$,$\left(-\dfrac{\sqrt{3}}{3}, \dfrac{\sqrt{3}}{3}\right)$,$\left(\dfrac{\sqrt{3}}{3}, 1\right)$.   3. 单调增区间 $\left(-\infty, \dfrac{3}{2}\right)$,$\left(\dfrac{3}{2}, 2\right)$,$(3, +\infty)$,单调减区间 $(2, 3)$.   4. 单调增区间 $\left(\mathrm{e}^{-\frac{1}{2}}, +\infty\right)$,单调减区间 $\left(0, \mathrm{e}^{-\frac{1}{2}}\right)$.

四、单调增区间 $\left(-\infty, \dfrac{3}{2}\right)$,$\left(\dfrac{3}{2}, 2\right)$,单调减区间 $(2, 3)$,$(3, +\infty)$.

五、略.

六、略.

七、有两个实根.

导数的应用——极值与最值(基础篇)

基础理论

1. 极大值,极小值,极大值点,极小值点.   2. 极值,极值点.   3. $f'(x_0)=0$.   4. (1) 极小值;(2) 极大值.   5. (1) 极小值;(2) 极大值.

基础运算

1. (1) $f(0)=0$ 是极小值;(2) $f(-2)=21$ 是极大值,$f(1)=-6$ 是极小值;(3) $f(-4)=9\mathrm{e}^{-4}$ 是极大值,$f(3)=-5\mathrm{e}^3$ 是极小值;
(4) $f(0)=1$ 是极大值.   2. $f(-1)=36$ 是最大值,$f\left(\dfrac{3}{2}\right)=-\dfrac{131}{4}$ 是最小值.   3. $x=2\sqrt{\dfrac{10}{\pi+4}}$.   4. $x\approx 3.414$.

导数的应用——极值与最值(提高篇)

一、1. $x=-\dfrac{1}{\ln 2}$.   2. 错误.

二、1. $x=-\dfrac{3}{2}$ 是极小值点,极小值为 $-\dfrac{27}{4}\left(\dfrac{3}{2}\right)^{\frac{2}{3}}$;$x=0$ 是极大值点,极大值为 0;$x=\dfrac{3}{2}$ 是极小值点,极小值为 $-\dfrac{27}{4}\left(\dfrac{3}{2}\right)^{\frac{2}{3}}$.

2. 无极值.

3. $x=-\dfrac{\ln 2}{3}$ 是极小值点,极小值为 $2^{\frac{1}{3}}+2^{-\frac{2}{3}}$.

4. $x=\mathrm{e}^{-\frac{1}{2}}$ 是极小值点,极小值为 $-\dfrac{1}{2\mathrm{e}}$.

三、1. 最大值为 1,最小值为 $2-2\ln 2$.   2. 最大值为 1,最小值为 -3.   3. 最大值为 99,无最小值.

四、$k\in(-\infty, 0]\cup\left\{\dfrac{1}{\mathrm{e}}\right\}$ 时,方程只有一个实根;$k\in\left(0, \dfrac{1}{\mathrm{e}}\right)$ 时,方程有两个实根,$k\in\left(\dfrac{1}{\mathrm{e}}, +\infty\right)$ 时方程,无实根.

导数的应用——函数的凹凸性(基础篇)

基础理论

1. 凹的,凸的.   2. (1) $f''(x)>0$;(2) $f''(x)<0$.   3. 拐点.   4. 曲率.   5. $\dfrac{|y''|}{(1+y'^2)^{\frac{3}{2}}}$.   6. $\dfrac{1}{r}$.   7. 0.   8. 曲率圆,曲率中心,曲

率半径.
基础运算
1. $\left(-\dfrac{b}{2a}, \dfrac{4ac-b^2}{4a}\right)$. 2. (1) 函数在 $(-\infty,+\infty)$ 是凹函数；(2) 函数在 $(-\infty,-3)$ 是凸函数,函数在 $(-3,+\infty)$ 是凹函数,$(-3,-2\mathrm{e}^{-3})$ 是拐点. 3. $\left(\dfrac{3\pi}{4},0\right)$ 和 $\left(\dfrac{7\pi}{4},0\right)$ 是拐点. 4. 曲率为 $\sqrt{2}$,曲率半径为 $\dfrac{1}{\sqrt{2}}$.

导数的应用——函数的凹凸性（提高篇）

一、1. 凹区间为 $\left(-\infty,\dfrac{2}{3}\right)$,$(2,+\infty)$,凸区间为 $\left(\dfrac{2}{3},2\right)$. 2. 凹区间为 $(-\infty,-12)$,$(0,+\infty)$,凸区间为 $(-12,0)$.

二、1. 凹区间为 $(-1,1)$,凸区间为 $(-\infty,1)$,$(1,+\infty)$,拐点 $(-1,1)$. 2. 凹区间为 $\left(-\infty,-\dfrac{1}{\sqrt{2}}\right)$,$\left(\dfrac{1}{\sqrt{2}},+\infty\right)$,凸区间为 $\left(-\dfrac{1}{\sqrt{2}},\dfrac{1}{\sqrt{2}}\right)$,拐点 $\left(-\dfrac{1}{\sqrt{2}},\mathrm{e}^{-\frac{1}{2}}\right)$,$\left(\dfrac{1}{\sqrt{2}},\mathrm{e}^{-\frac{1}{2}}\right)$. 3. 凹区间为 $(3,+\infty)$,凸区间为 $(-\infty,3)$,无拐点. 4. 凹区间为 $(-\infty,-1)$,$(1,+\infty)$,凸区间为 $(-1,1)$,拐点 $(-1,0)$,$(1,0)$. 5. 凹区间为 $(-1,0)$,$(0,+\infty)$,凸区间为 $(-\infty,-1)$,拐点 $(-1,6)$. 6. 凹区间为 $(0,+\infty)$,凸区间为 $(-\infty,0)$,无拐点.

三、$\dfrac{2|\sin 4x|}{(4+\sin^2 2x)^{\frac{3}{2}}}$.

四、曲率为 $\dfrac{72\sqrt{26}}{169}$,曲率半径为 $\dfrac{169}{72\sqrt{26}}$.

五、是,理由略.

*六、$t<0$.

导数的应用——函数图象的描绘（基础篇）

基础理论
1. $\lim\limits_{x\to-\infty}f(x)=c$,$\lim\limits_{x\to+\infty}f(x)=c$. 2. 铅直渐近线. 3. 斜渐近线. 4. $f'(x)$,$f''(x)$.

基础运算
1. 略. 2. 略. 3. 略.

导数的应用——函数图象的描绘（提高篇）

一、1. $x=-\dfrac{1}{2}$ 是铅直渐近线,$y=\dfrac{1}{2}x-\dfrac{1}{4}$ 是斜渐近线. 2. $x=0$ 是铅直渐近线,$y=2x+1$ 是斜渐近线.

二、略.

三、略.

导数的应用——*泰勒公式（基础篇）

基础理论
1. 泰勒. 2. $\dfrac{f^{(n+1)}(\xi)}{(n+1)!}(x-x_0)^{n+1}$. 3. 泰勒公式. 4. 泰勒级数,泰勒系数. 5. 麦克劳林级数,麦克劳林展开式.

基础运算
1. (1) $\sin x = x - \dfrac{1}{3!}x^3 + \dfrac{1}{5!}x^5 - \cdots + (-1)^n \dfrac{x^{2n+1}}{(2n+1)!} + \cdots$, $x\in(-\infty,+\infty)$;

(2) $\cos x = 1 - \dfrac{1}{2!}x^2 + \dfrac{1}{4!}x^4 - \cdots + (-1)^n \dfrac{x^{2n}}{(2n)!} + \cdots$, $x\in(-\infty,+\infty)$;

(3) $\mathrm{e}^x = 1 + x + \dfrac{1}{2!}x^2 + \cdots + \dfrac{1}{n!}x^n + \cdots$, $x\in(-\infty,+\infty)$;

(4) $\dfrac{1}{1-x} = 1 + x + x^2 + \cdots + x^n + \cdots$, $x\in(-1,1)$;

(5) $\ln(1+x) = x - \dfrac{1}{2}x^2 + \dfrac{1}{3}x^3 - \cdots + (-1)^{n-1}\dfrac{x^n}{n} + \cdots$, $x\in(-1,1]$.

2. $\ln x = \ln 2 + \dfrac{1}{2}(x-2) - \dfrac{1}{8}(x-2)^2 + \dfrac{1}{24}(x-2)^3 + o((x-2)^3)$.

导数的应用——*泰勒公式（提高篇）

一、$f(x) = x + \dfrac{1}{3}x^3 + o(x^3)$.

二、$f(x) = (x-1) + \frac{5}{2}(x-1)^2 + \frac{11}{6}(x-1)^3 + \frac{1}{4}(x-1)^4 + o((x-1)^4)$.

三、$f(x) = \sum_{n=1}^{\infty}(-1)^{n-1}\frac{(x-3)^{n-1}}{3^n}$.

四、$e^{2x} = \sum_{n=0}^{\infty}\frac{2^n}{n!}x^n$.

五、1. (1) $1+x^2+\frac{x^4}{2}$；(2) $1-\frac{x^2}{2}+\frac{x^4}{24}$.

2. $a=2, b=-3$.

导数的应用——测验卷

一、1. (1) F；(2) T；(3) F；(4) F. 2. B. 3. $\frac{\pi}{\sqrt{3}}+1$. 4. $y=2x+1$. 5. B. 6. B.

二、1. 1. 2. 4. 3. $e^{-\frac{1}{2}}$. 4. 6.

三、$2a$.

四、单调增区间$(-\infty, -3), (0, +\infty)$；单调减区间$(-3, 0)$；极小值点$x=0$，极小值0；凹区间$(-\infty, -3)$，$\left(-3, \frac{3}{2}\right)$；凸区间$\left(\frac{3}{2}, +\infty\right)$；拐点$\left(\frac{3}{2}, \frac{2}{9}\right)$.

五、略.

六、$f'(0)=0$, $f''(0)=6$, 曲率为6.

*七、$\frac{1}{8\ln 2}$.

不定积分——不定积分的概念（基础篇）

基础理论

1. 原函数. 2. 连续. 3. 原函数. 4. $\int f(x)dx$，被积函数，积分变量. 5. 积分曲线. 6. (1) $kx+C$；(2) $\frac{x^{\mu+1}}{\mu+1}+C$；(3) $\ln|x|+C$；(4) e^x+C；(5) $\frac{a^x}{\ln a}+C$；(6) $\sin x+C$；(7) $-\cos x+C$；(8) $\tan x+C$；(9) $-\cot x+C$；(10) $\arcsin x+C$；(11) $\arctan x+C$.

基础运算

略.

不定积分——不定积分的概念（提高篇）

一、(1) $-\frac{1}{x}+C$；(2) $5x+C$；(3) $\frac{a^x e^x}{\ln(ae)}+C$；(4) $e^{2+x}+C$；(5) $\frac{2}{3}x^{\frac{3}{2}}+C$；(6) $2\sqrt{x}+C$；(7) $x-\arctan x+C$；(8) $\frac{(e+1)^x}{\ln(e+1)}+C$；(9) $2\arcsin x+C$；(10) $\frac{20}{51}x^{\frac{51}{20}}+C$；(11) x^3-4x+C；(12) $x-3\arcsin x+C$.

二、是，理由略.

三、$(\sin x)e^{\tan x}-6x^3+C$.

四、错误，理由略.

五、1. $-e^{-2x}(2\cos 3x+3\sin 3x)$. 2. $-\sec^2 x$. 3. $-\frac{e^{x^3}}{3x}$.

不定积分——不定积分的计算方法（基础篇）

基础理论

1. (1) $\int f(x)dx \pm \int g(x)dx$；(2) $k\int f(x)dx$. 2. $u(x)v(x)-\int v(x)du(x)$. 3. $u=\varphi(x)$, $F(\varphi(x))+C$. 4. $F(G(x))+C$.

基础运算

1. (1) $\ln|\sec x|+C$；(2) $-\ln|\csc x|+C$；(3) $\ln|\sec x+\tan x|+C$；(4) $\ln|\csc x-\cot x|+C$；(5) $\frac{1}{2}\ln\left|\frac{1+x}{1-x}\right|+C$；(6) $\frac{1}{2a}\ln\left|\frac{x-a}{x+a}\right|+C$.

2. (1) $x+\frac{2}{3}x^3+\frac{1}{5}x^5+C$；(2) $\arctan x-2\arcsin x+C$.

3. (1) $\sin x-x\cos x+C$；(2) $x\arctan x-\frac{1}{2}\ln(1+x^2)+C$.

4. (1) $-\dfrac{1}{3}\cos^3 x + C$；(2) $-\dfrac{1}{2}\ln|1-2x| + C$．

不定积分——不定积分的计算方法(提高篇)

一、(1) $\dfrac{x^3}{3} + \dfrac{9}{x} + C$；(2) $x - 3\arctan x + C$；(3) $\tan x - x + C$；

(4) $-\dfrac{1}{2}x^{-2} - \dfrac{2}{3}x^{-3} + \dfrac{1}{4}x^{-4} + C$；(5) $\dfrac{x^3}{3} - x + \arctan x + C$；

(6) $3\arctan x - 2\arcsin x + C$；(7) $e^x - \dfrac{x^2}{2} + \ln|x| + C$；(8) $x - \cos x + C$；

(9) $-2\cot x - x + C$；(10) $e^x - x - 3e^{-x} + C$．

二、1. $\dfrac{x^2}{4}\ln x - \dfrac{x^2}{16} + C$．　2. $\dfrac{1}{2}e^x(\sin x - \cos x) + C$．　3. $\dfrac{x^2}{2}\arctan x - \dfrac{1}{2}x + \dfrac{1}{2}\arctan x + C$．　4. $(x^2 - 5x + 4)e^x + C$．

三、1. $-4(\cos x)^{\frac{1}{2}} + C$．　2. $-\dfrac{1}{3}\cos\left(2x^{\frac{3}{2}}\right) + C$．　3. $-\dfrac{2}{3}\sqrt{1-x^3} + C$．　4. $4\ln(e^x + 1) + C$．　5. $x - 2\sqrt{x} + 2\ln(1+\sqrt{x}) + C$．

6. $\dfrac{1}{2}\arcsin x - \dfrac{x}{2}\sqrt{1-x^2} + C$．

四、(1) $\dfrac{1}{7}\ln\left|\dfrac{x-3}{2x+1}\right| + C$；(2) $\dfrac{1}{4}\arctan\left(x + \dfrac{1}{2}\right) + C$．

不定积分——简单微分方程(基础篇)

基础理论

1. 微分方程．　2. 常微分方程，偏微分方程．　3. 阶．　4. 高阶微分方程．　5. 解，解微分方程．　6. 通解．　7. 特解．　8. 初始条件．
9. 初始条件．　10. 积分曲线．　11. 可分离变量的微分方程．　12. 齐次方程．　13. 一阶线性微分方程，$Q(x) = 0$，$Q(x) \ne 0$．
14. $y = e^{-\int p(x)dx}\left(\int Q(x)e^{\int p(x)dx}dx + C\right)$．

基础运算

1. (1) 一阶；(2) 二阶；(3) 三阶；(4) 一阶；(5) 二阶；(6) 一阶．　2. 略．　3. (1) $2e^y = e^{2x} + 1$；(2) $y^2 = 2x^2(\ln x + 2)$；(3) $y = e^{-x}(x + C)$．

不定积分——简单微分方程(提高篇)

一、1. 二阶．　2. 三阶．　3. 一阶．　4. 二阶．

二、是，证明略．

三、$(y')^2 + yy'' = 0$．

四、1. $y = Ce^{x^2} - 1$．　2. $\arctan y = \dfrac{x^2}{2} + x + C$．

五、1. $y = Ce^{-\frac{x}{y}}$．　2. $y + xe^{\frac{y}{x}} = C$．

六、1. $y = C\sin x - 5$．　2. $y = x^2 + Cx^2 e^{\frac{1}{x}}$．

七、1. $y = (1-x)\ln(1-x) + 4 - 3x$．　2. $y^4 = \dfrac{16}{3}\left(\dfrac{2+x}{2-x}\right)$．

八、$x^2 y(-3\ln|x| + C) = 1$．

不定积分——测验卷

一、1. (1) F；(2) F；(3) T；(4) F．　2. (1) F；(2) T；(3) T；(4) T．　3. D．　4. $\dfrac{1}{3}(1-x^2)^{\frac{3}{2}} + C$．　5. $4x - 2x\ln x + C$．

6. $\dfrac{3}{2}(\sin x - \cos x)^{\frac{2}{3}} + C$．　7. $\dfrac{1}{2}(x^6 + 6x^4 + 11x^2 + 6) + C$．　8. C．

二、1. $\dfrac{1}{4}\left(x^2 - x\sin 2x - \dfrac{1}{2}\cos 2x\right) + C$．　2. $2\arctan\sqrt{1+x} + C$．　3. $\dfrac{1}{3}(1+x^2)^{\frac{3}{2}} - (1+x^2)^{\frac{1}{2}} + C$．　4. $e^{2x}\tan x + C$．

5. $2x\sqrt{e^x - 1} - 4\sqrt{e^x - 1} + 4\arctan\sqrt{e^x - 1} + C$．

三、$e^x + \dfrac{x^2}{2} + C$．

四、$F(x) = \begin{cases} \dfrac{1}{2}e^{x^2} + \dfrac{1}{2}, & x \geqslant 0, \\ \sin x - x - \dfrac{x^4}{2} + 1, & x < 0. \end{cases}$

五、$y = \dfrac{x-1}{\arctan x}$.

六、$y^2 = x^2(4 + \ln x^2)$.

七、$\dfrac{1}{\sqrt{3}}$.

定积分——定积分的概念与性质（基础篇）

基础理论

1. 定积分，$\int_a^b f(x)dx$，被积函数，积分区间，积分下限，积分上限. 2. 连续. 3. 有界. 4. $y = 0, x = a, x = b, y = f(x)$. 5. $k_1\int_a^b f(x)dx + k_2\int_a^b g(x)dx$. 6. $-$，0. 7. $\int_a^c f(x)dx$. 8. $\int_a^b f(x)dx \geqslant 0$. 9. $\int_a^b f(x)dx \leqslant \int_a^b g(x)dx$. 10. $\leqslant$. 11. $m(b-a), M(b-a)$. 12. $\int_a^b f(x)dx = f(\xi)(b-a)$.

基础运算

1. (1) 0；(2) π. 2. 16. 3. $6 \leqslant \int_1^4 (x^2+1)dx \leqslant 51$. 4. $\int_1^2 \ln x\, dx > \int_1^2 (\ln x)^2 dx$.

定积分——定积分的概念与性质（提高篇）

一、$\int_0^1 \dfrac{dx}{1+x}$.

二、-12.

三、1. 0. 2. $\dfrac{9\pi}{2}$. 3. $\dfrac{8}{3}$. 4. $-\dfrac{3}{2}$.

四、1. $\dfrac{\pi}{8} \leqslant \int_0^{\frac{\pi}{4}} \dfrac{dx}{1+\cos^2 x} \leqslant \dfrac{\pi}{6}$. 2. $3e^{-3} \leqslant \int_{-1}^2 e^{1-2x} dx \leqslant 3e^3$.

五、1. $\int_0^1 \sqrt[3]{x^5}\, dx > \int_0^1 x^2 dx$；2. $\int_{\sqrt{2}}^2 x\, dx > \int_{\sqrt{2}}^2 \sqrt{4-x^2}\, dx$.

六、$I_3 \leqslant I_1 \leqslant I_2$.

定积分——微积分基本定理（基础篇）

基础理论

1. $f(x)$. 2. $F(b) - F(a)$. 3. $u = \varphi(x)$. 4. (1) 0；(2) $2\int_0^a f(x)dx$. 5. $[u(x)v(x)]_a^b - \int_a^b v(x)du(x)$.

基础运算

1. $\dfrac{1}{\sqrt{2}}$. 2. $f[\varphi(x)]\varphi'(x)dx$. 3. (1) $\dfrac{271}{6}$；(2) $1 - \dfrac{\pi}{4}$. 4. (1) 0；(2) $\dfrac{1}{4}$. 5. (1) $1 - 2e^{-1}$；(2) $\dfrac{e^2+1}{4}$. 6. $\dfrac{1}{3} + \ln 3$.

定积分——微积分基本定理（提高篇）

一、-40.

二、$(e^2, +\infty)$.

三、$\dfrac{1}{2}$.

四、1. $\dfrac{2}{15}$. 2. $\dfrac{2}{3}$. 3. $1 + 2\ln\dfrac{3}{2}$. 4. $\dfrac{3}{\sqrt{2}}$.

五、1. $\dfrac{\pi}{4} - \dfrac{1}{2}$. 2. $2e^{-1}$.

六、1. $\dfrac{\pi}{2}$. 2. $4e^2 - 2e$.

七、1.

八、$\dfrac{5}{6}$.

定积分——定积分的应用（基础篇）

基础理论

1. $\int_a^b [\varphi_2(x) - \varphi_1(x)]dx$. 2. $\int_c^d [\varphi_2(y) - \varphi_1(y)]dy$. 3. $\int_a^b A(x)dx$. 4. $\int_a^b \pi[f(x)]^2 dx$. 5. $\int_a^b \sqrt{1+y'^2}\, dx$. 6. $\dfrac{1}{b-a}\int_a^b f(x)dx$. 7. $\int_a^b f(x)dx$.

基础运算

1. (1) $\frac{3}{2} - \ln 2$；(2) $e + e^{-1} - 2$. **2.** $\frac{128}{7}\pi$. **3.** $\frac{2}{3}\sqrt{3} - 1$. **4.** $\frac{14}{3}$.

定积分——定积分应用（提高篇）（1）

一、**1.** 1. **2.** $\frac{16}{3}$. **3.** $\frac{1}{2}e^2 + e^{-1} - \frac{3}{2}$. **4.** $\frac{8\sqrt{2}}{3}$. **5.** $\frac{11}{6}$.

二、**1.** $\frac{\pi}{2}$. **2.** $\frac{\pi}{3}$.

三、$\frac{\pi}{2}(e^2 - 1)$.

四、$\frac{4\pi}{15}$.

定积分——定积分应用（提高篇）（2）

一、**1.** $18 - \frac{4}{3}\sqrt{2}$. **2.** $\frac{1}{2}(e^3 - e^{-3})$.

二、**1.** 略. **2.** $\frac{\pi^2}{8}$.

三、**1.** $\frac{4}{3}(2\ln 2 - 1)$. **2.** $\frac{1}{2}(e^2 + 1)$. **3.** $\frac{3\pi}{32}$.

四、$\frac{\pi}{\sqrt{2}}$.

定积分——反常积分（基础篇）

基础理论

1. 无穷限反常积分. **2.** 瑕点. **3.** 无界函数的反常积分，瑕积分.

基础运算

(1) $\frac{1}{3}$；(2) 发散；(3) $\frac{1}{2}$；(4) $-\frac{1}{2}\ln 3$；(5) $\frac{1}{2}$；(6) $\frac{\pi}{6}$；(7) 1；(8) 发散；(9) $\frac{8}{3}$；(10) $\frac{\pi}{2}$.

定积分——反常积分（提高篇）

一、**1.** $\ln 2$. **2.** 发散. **3.** 发散. **4.** $2 - e^{-1}$. **5.** $\frac{\pi}{6}$. **6.** $\frac{\pi}{3}$.

二、$2 + \frac{1}{2}e^{-1}$.

三、**1.** $2(1 - e^{-1})$. **2.** 4. **3.** 发散. **4.** 发散.

四、**1.** $\frac{1}{2}$. **2.** e^{-1}.

定积分——二重积分（基础篇）

基础理论

1. 二重积分，被积函数. **2.** 连续. **3.** $\alpha\iint\limits_{D} f(x,y)\mathrm{d}\sigma + \beta\iint\limits_{D} g(x,y)\mathrm{d}\sigma$. **4.** $\iint\limits_{D_1} f(x,y)\mathrm{d}\sigma + \iint\limits_{D_2} f(x,y)\mathrm{d}\sigma$. **5.** $\leqslant$. **6.** $\leqslant$. **7.** $m\sigma$，$M\sigma$. **8.** $\iint\limits_{D} f(x,y)\mathrm{d}\sigma = f(\xi,\eta)\sigma$. **9.** 0. **10.** 0. **11.** 0. **12.** $\iint\limits_{D} f(y,x)\mathrm{d}\sigma$.

13. $\iint\limits_{D_2} f(y,x)\mathrm{d}\sigma$. **14.** 二次积分. **15.** 二次积分.

基础运算

1. $32(e^4 - 1)$. **2.** 1.

定积分——二重积分（提高篇）

一、< 0.

二、**1.** 222. **2.** $18\sin 2$. **3.** -1. **4.** $\frac{2}{3}\left[(1+e)^{\frac{3}{2}} - 2^{\frac{3}{2}}\right]$.

三、$\frac{2}{5} \leqslant I \leqslant \frac{2}{3}$.

四、1. 16. 2. $\dfrac{2}{15}$.

五、$\dfrac{5}{27}$.

六、1. $\dfrac{1}{6}(e^9-1)$. 2. $\dfrac{2}{3}\ln 3$.

定积分——*傅里叶级数（基础篇）

基础理论

1. 三角级数. 2. 正交. 3. 傅里叶系数，傅里叶级数. 4. (1) $f(x)$；(2) 平均值. 5. $\dfrac{1}{l}\displaystyle\int_{-l}^{l}f(x)\cos\dfrac{n\pi x}{l}dx$，$\dfrac{1}{l}\displaystyle\int_{-l}^{l}f(x)\sin\dfrac{n\pi x}{l}dx$.

基础运算

1. $a_2=0$，$b_3=\dfrac{10}{3\pi}$. 2. 可以，理由略. 3. $a_0=k$，$a_n=0$，$b_n=\begin{cases}0, & n=2k,\\ \dfrac{2k}{n\pi}, & n=2k+1,\end{cases} k\in\mathbf{Z}, n=1,2,3,\cdots$.

定积分——*傅里叶级数（提高篇）

一、$\dfrac{\pi^2}{4}-1$.

二、$\dfrac{5}{2}$.

三、$1+\dfrac{2}{3}\pi$.

四、略.

五、1. $a_0=\pi^2$，$a_n=\dfrac{4\cos n\pi}{n^2}$，$b_n=0$，$n=1,2,\cdots$. 2. $f(x)=\dfrac{\pi^2}{2}+\displaystyle\sum_{n=1}^{\infty}\dfrac{4(-1)^n}{n^2}\cos nx$.

六、$f(x)=2+|x|=\dfrac{5}{2}+\displaystyle\sum_{n=1}^{\infty}\dfrac{2(\cos n\pi-1)}{n^2\pi^2}\cos n\pi x$.

定积分——测验卷

一、1. B. 2. $12x^2\sqrt{1+16x^6}$. 3. 6. 4. $\dfrac{1}{\sqrt{1-x^2}}+2\pi x^3$. 5. $3(2\ln 2-1)$.

二、$a=1$，$b=0$，$c=\dfrac{1}{2}$.

三、$\dfrac{\pi^2}{2}-4$.

四、$\dfrac{1}{3}-e^{-2}$.

五、$\dfrac{1}{2}\ln\left(1+\dfrac{2}{\sqrt{3}}\right)$.

六、1. $\dfrac{\pi}{4}$. 2. $\dfrac{1}{4}\ln 3$.

七、$\dfrac{4-\sqrt{2}}{\pi^2}-\dfrac{4\sqrt{2}}{\pi^3}$.

八、$\dfrac{26}{3}$.

九、$\dfrac{46}{15}\pi$.

十、0.